非线性算子控制
及其应用

温盛军　王瑗珲　著

国家一级出版社　中国纺织出版社　全国百佳图书出版单位

内 容 提 要

随着工业生产过程变得越来越复杂，非线性控制系统的研究正逐渐成为控制领域的热点和难点。本书以半导体制冷系统和液位系统为主要研究对象，详细介绍了基于算子理论的非线性控制系统设计，既包括算子的定义、系统建模和控制器设计等主要内容，也对故障诊断和优化控制等关键问题进行了系统地探讨。本书可作为相关专业的高年级本科生和研究生的教材使用，也可供从事自动化、电气等相关领域的研究人员和技术人员阅读参考。

图书在版编目（CIP）数据

非线性算子控制及其应用/温盛军，王瑗珲著. —北京：中国纺织出版社，2018.9（2023.6重印）

ISBN 978-7-5180-5404-6

I. ①非⋯ II. ①温⋯ ②王⋯ III. ①非线性算子理论—应用—非线性控制系统—高等学校—教材

IV. ①TP273②O177.91

中国版本图书馆 CIP 数据核字（2018）第 209325 号

责任编辑：亢莹莹　责任校对：王花妮　责任印制：何　建

中国纺织出版社出版发行
地址：北京市朝阳区百子湾东里 A407 号楼　邮政编码：100124
销售电话：010—67004422　传真：010—87155801
http://www.c-textilep.com
E-mail：faxing@c-textilep.com
中国纺织出版社天猫旗舰店
官方微博 http://weibo.com/2119887771
永清县晔盛亚胶印有限公司印刷　各地新华书店经销
2018年9月第1版　2023年6月第4次印刷
开本：787×1092　1/16　印张：8
字数：160千字　定价：68.00元

前　言

随着现代化工业生产过程复杂性和集成度的提高，实际的生产过程变得越来越复杂，多数是非线性系统，因而非线性系统的研究正逐渐成为控制领域的热点和难点。对非线性系统的研究基本可以划分为三个阶段：第一个阶段是古典理论阶段，其主要方法有相平面法、谐波平衡法等，这些理论针对性比较强，但不能普遍应用。第二个阶段是综合应用阶段，其主要方法有自适应控制、滑膜控制、PID 控制、神经网络控制、Lyapunov 方法等。第三个阶段是非线性理论新发展阶段，例如智能控制非线性算子控制等。非线性算子是定义在扩展的 Banach 空间上更一般的 Lipschitz 算子，能够更好地处理算子的逆因果性、稳定性问题。算子可以是线性的也可以是非线性的，可以是有限维的，也可以是无限维的，可以是频域的，也可以是时域的，应用范围广，其优势使越来越多学者投身对它进行研究。因此，本书主要介绍基于算子理论的非线性控制系统设计，及其在一些过程控制系统中的应用。

全书共分 6 章。第 1 章为非线性系统控制概论，介绍了控制系统的相关概念、非线性系统理论基础和非线性控制研究现状和发展情况。第 2 章为基于算子理论的控制系统设计基础，介绍了一些算子的相关定义、右互质分解方法，进而介绍了基于右互质分解的控制器设计。第 3 章为基于算子理论的半导体制冷系统控制研究，详细介绍了半导体制冷系统的建模、控制器设计、仿真与实现过程。第 4 章为基于算子理论的优化跟踪控制研究，基于粒子群优化技术，分别研究了基于等效代换的优化跟踪控制和基于 Lipschitz 范数的优化跟踪控制。第 5 章为基于算子理论的液位系统控制研究，详细介绍了液位系统的建模、具体设计、仿真与实现过程。第 6 章为基于算子理论的故障诊断与优化控制研究，对故障诊断观测器设计和故障的分类进行了分析，进而讨论了基于算子理论的优化控制在半导体制冷系统和液位系统故障状态下的应用。

本书由温盛军担任主编，负责制订编写大纲、修改书稿及统稿、定稿工作。王瑷珲担任副主编。各章内容编撰分配如下：第1章、第3章、第4章由温盛军编写，第2章、第5章、第6章由温盛军、王瑷珲编写。本书在编写过程中得到了参与项目的许多合作者和引用论文作者的帮助，例如，王东云、邓明聪、王海泉、喻俊等，在此表示感谢！同时，本书也是张蕾、齐小敏、李峰光、刘萍、李琳等几位研究生辛勤劳动的成果，在此深表感谢！由于编者水平有限，书中难免出现疏漏和不妥之处，敬请广大读者不吝指正。

本书的绝大部分内容都是作者和合作者最新的研究成果。本书的研究成果受到国家科技部国际合作重大专项课题（2010DFA22770）、国家自然科学基金青年基金（61304115）、河南省高等学校科技创新团队（14IRTSTHN024）、河南省高等学校重点科研项目（17A120015）和中原工学院青年拔尖人才计划等的资助，在此表示感谢！

编　者

2018 年 7 月

目　　录

第1章　非线性系统控制概论 ………………………………………………… 001

1.1　控制系统相关概念 ………………………………………………… 001

1.2　非线性系统理论基础 ……………………………………………… 003

　　1.2.1　非线性系统的数学描述 ……………………………………… 003

　　1.2.2　非线性系统的基本特性 ……………………………………… 005

1.3　非线性控制研究发展现状 ………………………………………… 006

　　1.3.1　变结构控制方法 ……………………………………………… 007

　　1.3.2　反馈线性化方法 ……………………………………………… 008

　　1.3.3　基于算子理论的鲁棒控制方法 ……………………………… 009

参考文献 ……………………………………………………………………… 010

第2章　基于算子理论的控制系统设计 ……………………………………… 011

2.1　算子的定义 ………………………………………………………… 011

2.2　基于算子的右互质分解 …………………………………………… 013

2.3　基于算子的鲁棒右互质分解 ……………………………………… 015

参考文献 ……………………………………………………………………… 016

第3章　基于算子理论的半导体制冷系统控制 ……………………………… 018

3.1　半导体制冷系统概述 ……………………………………………… 018

　　3.1.1　半导体制冷原理 ……………………………………………… 018

　　3.1.2　半导体制冷装置 ……………………………………………… 020

3.2　半导体制冷系统建模 ……………………………………………… 025

　　3.2.1　传热学理论基础 ……………………………………………… 025

　　3.2.2　制冷系统建模 ………………………………………………… 027

3.3　半导体制冷系统的鲁棒右互质分解控制 ………………………… 028

　　3.3.1　系统的右分解 ………………………………………………… 028

　　3.3.2　鲁棒右互质分解控制器设计 ………………………………… 029

　　3.3.3　仿真与结果分析 ……………………………………………… 030

3.4　带热辐射补偿的半导体制冷系统控制 …………………………… 032

　　3.4.1　支持向量机理论基础 ………………………………………… 032

　　3.4.2　基于支持向量机的热辐射建模 ……………………………… 036

　　　　3.4.3 带热辐射补偿的鲁棒控制 ·· 038

　　　　3.4.4 仿真与结果分析 ··· 040

　　参考文献 ··· 043

第4章　基于算子理论的优化跟踪控制 ·· 045

　4.1 粒子群优化理论基础 ·· 045

　　　　4.1.1 粒子群优化计算概述 ··· 045

　　　　4.1.2 具有约束条件的粒子群优化计算 ······································· 050

　4.2 基于等效代换的优化跟踪控制 ··· 051

　　　　4.2.1 半导体制冷系统的跟踪控制设计 ······································· 051

　　　　4.2.2 基于等效代换的优化跟踪控制 ··· 054

　　　　4.2.3 仿真与实验结果分析 ··· 055

　4.3 基于 Lipschitz 范数的优化跟踪控制 ··· 059

　　　　4.3.1 优化跟踪算子的设计 ··· 059

　　　　4.3.2 仿真与实验结果分析 ··· 062

　4.4 对跟踪算子设计的思考 ··· 066

　参考文献 ··· 068

第5章　基于算子理论的液位系统控制 ·· 070

　5.1 液位过程控制系统介绍 ··· 070

　　　　5.1.1 液位过程控制系统结构 ··· 070

　　　　5.1.2 数据采集系统 ··· 073

　5.2 液位系统数学建模 ··· 081

　5.3 基于鲁棒右互质分解的控制器设计 ··· 083

　5.4 系统仿真与实验 ··· 084

　　　　5.4.1 仿真结果分析 ··· 084

　　　　5.4.2 液位系统软件设计及调试 ··· 084

　　　　5.4.3 实验结果分析 ··· 088

　参考文献 ··· 091

第6章　基于算子理论的故障诊断与优化控制 ·· 092

　6.1 基于算子理论的故障诊断观测器设计 ··· 092

　6.2 执行器故障检测 ··· 093

　6.3 半导体制冷系统故障的优化控制 ··· 094

　　　　6.3.1 故障系统的优化设计 ··· 094

　　　　6.3.2 约束优化问题求解 ··· 095

　　　　6.3.3 仿真与实验结果分析 ··· 096

　6.4 基于支持向量机的故障分类器设计 ··· 098

6.4.1 基于支持向量机的故障分类 …………………………………… 098

6.4.2 液位系统的故障分析 …………………………………………… 101

6.4.3 液位系统的故障模拟 …………………………………………… 102

6.4.4 基于支持向量机的分类器建模 ………………………………… 105

6.4.5 故障分类结果分析 ……………………………………………… 107

6.5 液位系统故障的优化控制 …………………………………………… 112

6.5.1 滑模变结构控制概述 …………………………………………… 112

6.5.2 故障系统的滑模变结构控制 …………………………………… 114

6.5.3 仿真与实验结果分析 …………………………………………… 116

参考文献 ……………………………………………………………………… 119

第1章　非线性系统控制概论

1.1　控制系统相关概念

自动控制理论是研究关于自动控制系统组成、分析和设计的一般性理论，是研究自动控制共同规律的技术科学。自动控制理论的任务是研究自动控制系统中变量的运动规律以及改变这种运动规律的可能性和途径，为建立高性能的自动控制系统提供必要的理论根据。

自动控制系统是指由控制主体、控制客体和控制媒体组成的具有自身目标和功能的管理系统。控制系统意味着通过它可以按照所希望的方式保持和改变机器、机构或其他设备内任何感兴趣或可变的量。控制系统同时是为了使被控制对象达到预定的理想状态而实施的，使被控制对象趋于某种需要的稳定状态。

自动控制系统由被控对象和控制装置两大部分组成，根据其功能，后者又是由具有不同职能的基本元部件组成的。自动控制系统典型结构如图 1-1 所示，主要由被控对象、测量反馈元件、比较元件、执行元件和控制器组成[1]。

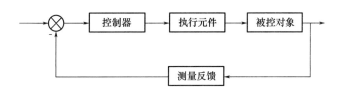

图 1-1　自动控制系统典型结构

被控对象一般是指生产过程中需要进行控制的工作机械、装置或生产过程。描述被控对象工作状态的、需要进行控制的物理量就是被控量。

测量反馈元件用于对输出量进行测量，并将其反馈至输入端。如果测出的物理量属于非电量，大多情况下要把它转化成电量，以便利用电的手段加以处理。例如测速发电机，就是将电动机轴的速度检测出来并转换成电压。

比较元件是对实际输出值与给定元件给出的输入值进行比较，求出它们之间的偏差。常用的电量比较元件有差动放大器、电桥电路等。

执行元件的功能是，根据放大元件放大后的偏差信号，推动执行元件去控制被控对象，使其被控量按照设定的要求变化。通常，电动机、液压马达等都可作为执行元件。

控制器又称补偿元件，用于改善系统的性能，通常以串联或反馈的方式连接在系统中。是为改善或提高系统的性能，在系统基本结构基础上附加参数可灵活调整的元件。

与控制系统相关的一些概念如下：

- 被控变量：被控对象内要求保持设定值的工艺参数。

- 操纵变量：受控制器操纵的，用以克服干扰的影响，使被控变量保持设定值的物料量或能量。
- 扰动量：除操纵变量外，作用于被控对象并引起被控变量变化的因素。
- 设定值：被控变量的预定值。
- 偏差：被控变量的设定值与实际值之差。
- 闭环自动控制：是指控制器与被控对象之间既有顺向控制又有反向联系的自动控制。
- 开环控制系统：是指控制器与被控对象之间之有顺向控制而没有反向联系的自动控制系统。
- 反馈：把系统的输出信号直接或经过一些环节重新引回到输入端。反馈信号的作用方向与设定信号相反，即偏差信号为两者之差，这种反馈叫作负反馈，反之为正反馈。

自动控制系统中的方块图是由传递方块、信号线、综合点、分枝点构成的表示控制系统组成和作用的图形。一个典型的衰减振荡过程曲线，衰减振荡的品质指标有以下几个：最大偏差、衰减比、余差、过渡时间、振荡周期（或频率）。最大偏差是指过渡过程中被控变量偏离设定值的最大数值。衰减比是指过渡过程曲线上同方向第一个波的峰值与第二个波的峰值之比。余差是指过渡过程终了时，被控变量所达到的新的稳态值与设定值之间的差值。过渡时间是指控制系统受到扰动作用后，被控变量从原稳定状态回复到新的平衡状态所经历的最短时间。振荡周期是指过渡过程同向两波峰之间的间隔时间，其倒数为振荡频率，在衰减比相同的条件下，周期与过渡时间成正比，一般希望振荡周期短一些好。

自动控制系统按照不同的特征和标准，有不同的分类方法。按控制系统的结构，可分为开环控制系统、闭环控制系统和复合控制系统。按给定信号的形式，可将控制系统划分为恒值控制系统和随动控制系统。按系统参数是否随时间变化，可以将控制系统分为定常系统和时变系统。按控制系统的动态特性分类，可分为线性控制系统和非线性控制系统。按控制系统闭环回路的数目分类，可分为单回路控制系统和多回路控制系统。按照输入信号和输出信号的数目分类，可将系统分为单输入单输出系统和多输入多输出系统。按控制动作和时间的关系分类，可分为连续控制系统和离散控制系统。

在输入量的作用下，系统的输出变量由初始状态达到最终稳态的中间变化过程称过渡过程，又称瞬态过程。过渡过程结束后的输出响应称为稳态过程。系统的输出响应由过渡过程和稳态过程组成。过渡过程是指对于任何一个控制系统，扰动作用是不可避免的客观存在，系统受到扰动作用后，其平衡状态被破坏，被控变量就要发生波动，在自动控制作用下，经过一段时间，使被控变量回复到新的稳定状态。把系统从一个平衡状态进入另一个平衡状态之间过程。

对自动控制系统品质指标的基本要求可以归纳为三个字：稳、准、快。

稳：是指系统的稳定性。稳定性是系统重新恢复平衡状态的能力。任何一个能够正常工作的控制系统，首先必须是稳定的。稳定是对自动控制系统的最基本要求。

但由于闭环控制系统有反馈作用，控制过程有可能出现振荡或发散。

准：是对系统稳态（静态）性能的要求。对一个稳定的系统而言，当过渡过程结束后，系统输出量的实际值与期望值之差称为稳态误差，是衡量系统控制精度的重要指标。稳态误差越小，系统的准确性越好。

快：是对系统动态性能（过渡过程性能）的要求。描述系统动态性能可以用平稳性和快速性加以衡量。平稳指系统由初始状态运动到新的平衡状态时，具有较小的过调和振荡性；快速指系统运动到新的平衡状态所需要的调节时间较短。动态性能是衡量系统质量高低的重要指标。

各种不同系统对三项性能指标的要求会有所侧重。例如恒值系统一般对稳态性能限制比较严格，随动系统一般对动态性能要求较高。控制系统设计的主要步骤如下：

（1）控制系统设计目标的设定。

（2）对被控对象的分析及建立数学模型。

（3）控制系统设计方案的决定。

（4）Simulink 仿真。

（5）编写控制代码。

（6）控制器硬件实现。

1.2　非线性系统理论基础

在现代控制工程中，任何实际控制系统都是非线性的，线性只是在一定程度上和一定范围内对系统的近似描述。在实际生活中，最真实的动态系统也是非线性的，所以设计和控制非线性系统具有很大的发展前景。但在控制理论发展的初期，一方面由于对控制系统的精确度和性能要求都不高，所以当控制系统的非线性因素被局部线性化或者被忽略后，在一定范围内系统仍然可以达到对控制的要求；另一方面也由于非线性动力学的发展和非线性系统结构的复杂性，对非线性系统的设计和控制也没有线性系统那么快。因此，非线性系统并没有像线性系统那样形成系统的、完善的理论体系。

线性系统有很多种不同形式的标准型，而且相互间可以转化。与线性系统相比，非线性系统的情况就变得很复杂了，对非线性系统有多种描述方法，但是相互间并不都能转化。

1.2.1　非线性系统的数学描述

通常一个非线性系统可以描述成如下的微分方程[2]：

$$\dot{x}(t) = f(x,\ u,\ t)$$
$$y(t) = h(x,\ u,\ t)$$

(1-1)

式中：x——状态向量，$x \in R^n$；

　　　y——输出向量，$y \in R^q$；

　　　$f(\cdot)$ 与 $h(\cdot)$——向量函数。

值得指出的是，系统的状态方程一般指式（1-1）中的式 $\dot{x}(t) = f(x,\ u,\ t)$，而式 $y(t) = h(x,\ u,\ t)$ 通常称为系统的输出方程。但需要注意的是，这里的输出 y 有时并不是仅仅指整个系统的实际输出信号，经常还包括了我们所关心的那部分状态的测量信号。

需要指出的是，对式（1-1）中描述的非线性系统 S，我们总是假设系统的状态向量 $x(t)$ 可以由初值 x_0 与输入函数 $u(t)$ 唯一的确定。另外，我们设输入函数 $u(t)$ 在任何有限的时间区间内都是有界的。实际上，在任何控制设计中几乎都会这么要求。在反馈控制设计中，输入函数 $u(t)$ 可能是状态向量 $x(t)$ 的函数[3]。

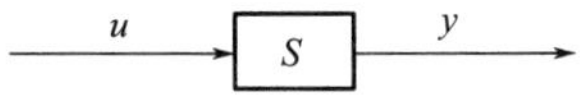

$$u \longrightarrow \boxed{S} \longrightarrow y$$

图 1-2　系统 (1-1) 的
输入输出表示

非线性系统有很多种描述方法，有时可以依据不同的研究利用不同的描述方法来表示。如图 1-2 所示，有时我们直接用 $y = Su$ 这样的算子描述来简单的表达这一系统，用来直接讨论该系统的输入输出特性。但是要注意的是，这时系统内部的初始状态 $x_0 = x(0)$ 并没有显示出来，然而在分析过程中，我们却往往不能够忽略这种初始条件。我们都知道，对线性系统来说，除状态空间描述外，利用微分方程对输入输出进行描述也是一种常用的方法。对于单输入单输出（SISO）非线性系统，类似的描述也是值得我们注意的：

$$y^{(n)} = \phi(x, z, t) \tag{1-2}$$

其中，$x = \begin{bmatrix} y & \dot{y} \cdots y^{(n-1)} \end{bmatrix}^T$；$z = \begin{bmatrix} u & \dot{u} \cdots u^{(m)} \end{bmatrix}^T$。这里 $(\cdot)^i$ 指 i 阶导数，$[\cdot]^T$ 表示转置。

对式 (1-2) 所表示的系统，一般作如下假设：

(1) 函数 $\phi(\cdot) \in C^1$；

(2) 满足正则条件：

$$\frac{\partial \phi}{\partial u^{(m)}} \neq 0$$

显然，式 (1-2) 可以退化为如下线性系统：

$$y^{(n)} = -a_{n-1}y^{(n-1)} - \cdots - a_1 y^{(1)} - a_0 y + b_m u^{(m)} + \cdots + b_0 u$$

通常式 (1-2) 所示的描述方法称为微分输入输出描述[1]。

我们知道，对线性系统，状态空间描述和输入输出描述在一定的条件下可以相互转换。对于非线性系统，有时也有相类似的转化。例如对 SISO 系统 (1-2)，如果定义：

$$x = \begin{bmatrix} x_1 & x_2 & \cdots & x_n \end{bmatrix}^T = \begin{bmatrix} y & \dot{y} & \cdots & y^{(n-1)} \end{bmatrix}^T$$

并在系统的输入端进一步推广 m 个积分器，定义积分器状态：

$$z = \begin{bmatrix} z_1 & z_2 & \cdots & z_m \end{bmatrix}^T = \begin{bmatrix} u & \dot{u} & \cdots & u^{(m)} \end{bmatrix}^T, \quad v = u^{(m)}$$

则系统 (1-1) 可以转化为：

$$\dot{x}_i = x_{i+1}, \quad i = 1, 2, \cdots, n-1 。$$

$$\dot{x}_n = \phi(x, z, v, t)$$

$$\dot{z}_j = z_{j+1}, \quad j = 1, 2, \cdots, m-1 。$$

$$\dot{z}_m = v$$

$$y = x_1$$

显然这就成为了系统 (1-1) 的特殊形式。

对于常见的非线性系统，其形式通常可以用式 (1-1) 来表示。如果系统 (1-1) 表示时不变系统时，那么式 (1-1) 中的 $f(\cdot)$ 将不显示时间 t，这时系统变为：

$$\begin{aligned} \dot{x}(t) &= f(x, u) \\ y(t) &= h(x, u) \end{aligned} \tag{1-3}$$

系统 (1-3) 表示了非常广泛的一类非线性系统，它包括了下面几种常见的特殊形式[1]：

（1）仿射非线性系统。

$$\dot{x}(t) = f(x) + g(x)u$$
$$y(t) = h(x) + j(x)u \tag{1-4}$$

（2）Lurie 系统。

$$\dot{x}(t) = Ax + bf(u)$$
$$y = c^T x \tag{1-5}$$

（3）静态非线性系统。

$$y = \varphi(u) \tag{1-6}$$

（4）线性系统。

$$\dot{x} = Ax + Bu$$
$$y = Cx + Du \tag{1-7}$$

可以看出，式（1-4）仿射非线性系统中的状态方程和输出方程，关于输入信号 u 是线性的，但对状态是非线性的。其实线性系统本身就是仿射非线性系统的特殊情况。在式（1-6）静态非线性系统中，输出直接是输入信号的某个函数，没有内部状态。Lurie 系统（1-5）是一类广为讨论的带有非线性控制的系统，可以被看成是线性单变量系统和静态非线性系统的串连连接[2]。一般地，在实际操作或计算时，非线性系统的模型通常是由非线性差分方程或非线性微分方程来给出，而在对此类模型进行辨别时，常常采用线性化，将它们展开成特殊的函数等方法。

1.2.2　非线性系统的基本特性

与线性系统相比，非线性系统具有的一个区别于它的最主要的特征是，叠加原理不再适用于非线性系统，由于这个性质，就导致了非线性系统在学习和研究上的复杂性。也因为非线性系统的复杂性，致使其理论的发展与线性系统理论相比，显得稚嫩和零散。非线性系统本身的复杂性及其数学处理上的一些困难，造成了到现在为止仍然没有一种普遍的方法可以用来处理所有类型的非线性系统。

由于非线性现象能反映出非线性系统的运动本质，所以非线性现象是非线性系统所研究的对象。但是用线性系统理论的知识却是无法来解释这类现象的，其主要缘故在于非线性系统现象有自激振荡、跳跃谐振、分谐波振荡、多值响应、频率对振幅的依赖、异步抑制、频率插足、混沌和分岔等。

非线性系统与线性系统相比较，其具有了一系列新的特点：

（1）叠加原理在再适用于非线性系统，但是具有叠加性和齐次性却是线性系统的最大特征。

（2）非线性系统经常会产生持续震荡，即所谓的自持振荡；而线性系统运动的状态有两种：收敛和发散。

（3）从输入信号的响应来看，输入信号不会对线性系统的动态性能产生任何影响，但是输入信号却能影响非线性系统的动态性能。而且对于非线性系统来说，系统的输出可能会产生变形和失真。

（4）从系统稳定性角度来说，输入信号的种类和大小以及非线性系统的初始状态，对非线性系统的稳定性都有影响，但是在线性系统中，系统的参数及结构就决定了系统的稳定性，且系统的输入信号和初始状态对系统的稳定性没有丝毫关系。

（5）当正弦函数为输入信号时，非线性系统的输出是会有高次谐波的函数，而且函数的周期是非正弦周期的，就是说系统的输出会产生倍频、分频、频率侵占等现象，但是对线性系统来说，当输入信号为正弦函数时，系统的输出是同频率的正弦函数，也是一个稳态过程，两者仅在相位和幅值上不同。

（6）在非线性系统中，互换系统中存在的串联环节，也许将导致输出信号发生彻底的改变，或者将使稳定的系统变为成一个不稳定的，但是对于线性系统来说，系统输出响应并不会由于互换串联环节而发生变化。

（7）非线性系统的运动方式比线性系统要复杂得多，在一定的条件下，非线性系统会有一些特殊的现象，如突变、分岔、混沌。

由于现在还没有普遍性的系统性的数学方法，可以用来处理非线性系统的问题，所以对非线性系统的分析要比线性系统复杂很多。从数学角度来看，非线性系统解的存在性和唯一性都值得研究；从控制方面来看，即使现为止的研究方法有不少，但能通用的方法还是没有。从工程应用方面来看，很多系统的输出过程是很难能精确求解出来的，所以一般只考虑下面3种情况：第一，系统是不是稳定的；第二，系统是不是会产生自激振荡以及自激振荡的频率和振幅的计算方法；第三，怎么样来限制系统自激振荡的幅值以及用什么方法来消除它。例如，一个频率是 ω 的自激振荡可被另一个频率是 ω_1 的振荡抑制下去，这种异步抑制现象已被用来抑制某些重型设备的伺服系统中由于齿隙引起的自振荡。

1.3 非线性控制研究发展现状

传统的非线性研究是以死区、饱和、间隙、摩擦和继电特性等基本的、特殊的非线性因素为研究对象的，主要方法是相平面法和描述函数法。相平面法是 Poincare 于 1885 年首先提出的一种求解常微分方程的图解方法。通过在相平面上绘制相轨迹，可以求出微分方程在任何初始条件下的解。它是时域分析法在相空间的推广应用，但仅适用于一、二阶系统。描述函数法是 P. J. Daniel 于 1940 年提出的非线性近似分析方法。其主要思想是在一定的假设条件下，将非线性环节在正弦信号作用下的输出用一次谐波分量来近似，并导出非线性环节的等效近似频率特性（描述函数），非线性系统就等效为一个线性系统。描述函数法不受系统阶次的限制，但它是一种近似方法，难以精确分析复杂的非线性系统。

非线性系统的稳定性分析理论主要有绝对稳定性理论、李亚普诺夫稳定性理论和输入输出稳定性理论。绝对稳定性的概念是由苏联学者鲁里叶与波斯特尼考夫提出的，其中最有影响的是波波夫判据和圆判据，但难以推广到多变量非线性系统。李亚普诺夫稳定性理论是俄国天才的数学家李亚普诺夫院士于 1892 年在他的博士论文里提出的，现在仍被广泛应用。但它只是判断系统稳定性的充分条件，并且没有一个构造李亚普诺夫函数的通用的方法。输入输出稳定理论是由 I. W. Sanberg 和 G. Zames 提出的。其基本思想是将泛函分析的方法应用于一般动态系统的分析中，而且分析方法比较简便，但得出的稳定性结论是比较笼统的概念。

20 世纪 60 年代之后，非线性控制有了较大发展，如自适应控制、模型参考控制、变结构控制等，这些方法大多与 Lyapunov 方法相关。可以认为是 Lyapunov 方法在控制领域的丰富成果。20 世纪 80 年代以后，非线性控制的研究进入了一个兴盛时期。这一时期非线性控制理论研究的基本问题、方法和现状主要表现为以下几个方面：

1.3.1　变结构控制方法

苏联学者邬特金和我国的高为炳教授比较系统地介绍了变结构控制的基本理论。变结构控制方法通过控制作用首先使系统的状态轨迹运动到适当选取的切换流形，然后使此流形渐近运动到平衡点，系统一旦进入滑动模态运动，在一定条件下，就对外界干扰及参数扰动具有不变性。系统的综合问题被分解为两个低维子系统的综合问题，即设计变结构控制规律，使得系统在有限时间内到达指定的切换流形和选取适当的切换函数确保系统进入滑动模态运动以后具有良好的动态特性。由系统不确定因素及参数扰动的变化范围可以直接确定出适当的变结构反馈控制律解决前一问题。而后一低阶系统综合问题可以用常规的反馈设计方法予以解决。由于变结构控制不需要精确的模型和参数估计的特点，因此这一控制方法具有算法简单、抗干扰性能好、容易在线实现等优点，适用于不确定非线性多变量控制对象。

以滑动模态为基础的变结构控制，早期的工作主要由苏联学者完成，这一阶段主要以误差及其导数为状态变量，研究 SISO 线性对象的变结构控制和二阶线性系统。研究的主要方法是相平面分析法。20 世纪 60 年代，研究对象扩展到 MIMO 系统和非线性系统，切换流形也不限于超平面，但由于当时硬件技术的滞后，这一阶段的主要研究工作，仅限于基本理论的研究。到了 20 世纪 80 年代，随着计算机和大功率电子器件等技术的发展，变结构控制的研究进入了一个新的时代。以微分几何为主要工具发展起来的非线性控制思想极大地推动了变结构控制理论的发展，如基于精确输入/状态和输入/输出线性化及高阶滑模变结构控制律等都是近十余年来取得的成果。所研究的控制对象也已涉及到离散系统、分布参数系统、广义系统、滞后系统、非线性大系统等众多复杂系统。变结构控制研究的主要问题有以下几点：

（1）受限系统变结构控制。

许多实际控制系统需要考虑与外部环境的接触因素。描述这类系统的动态往往带有一定的约束或限制条件，故称为受限系统。约束条件分为完整和非完整约束两大类。完整约束上只与受控对象的几何位置有关，且由代数方程描述，经过积分运算可使约束得到简化，从而可以分解出若干个状态变量，将原始系统转化为一低阶无约束系统，故其控制问题与无约束系统相比没有太大困难。而非完整约束本质上为动态约束，由于不能通过积分等运算将其转化为简单的代数运算方程，使其控制及运动规划等问题变的相当困难。此外还有一些新的特点：如不能采用光滑或连续的纯状态反馈实现状态的整体精确线性化，但通过适当的输出映射选取，可以实现输入/输出的精确线性化；在光滑的纯状态反馈下不能实现平衡点的渐近稳定，但采用非光滑或时变状态反馈却可以实现。

（2）模型跟踪问题。

采用最优控制理论设计多变量控制系统遇到两个问题：第一，很难用性能指标指定设计目的。第二，对象参数往往有大范围扰动。克服第一个困难的有效方法之一是采用"线性模型跟踪控制"、基本思想是将一刻化设计目标的参考模型作为系统的一部分，使受控对象与参考模型状态间的误差达到最小化。但不能克服第二个困难，为使系统在参数变化情况下，保持优良品质，一种有效的方法是"自适应模型跟踪控制"，其主要设计方法：Lyapunov 直接法和超稳定法。

虽然变结构控制理论 40 年来取得了很大的进展，而且具有良好的控制特性，但是仍有许多问题没解决，其振颤问题给实际应用带来了不利的影响。为了克服这种缺陷，许多学者致力于改善振颤问题的研究，特别是变结构控制与智能控制方法，如模糊控制、神经网络等先进控制技术的综合应用尚处在初步阶段，绝大多数研究还仅限于数值仿真阶段。在应用研究方面，大多限于电机、机器人的控制等方法。目前的主要研究内容大都集中在受限系统变结构控制、模型跟踪问题的变结构控制、离散时间系统的变结构控制、模糊变结构控制等方面。

1.3.2 反馈线性化方法

反馈线性化方法是近 20 年来非线性控制理论中发展比较成熟的主法，特别是以微分几何为工具发展起来的精确线性化受到了普遍的重视。其主要思想是：通过适当的非线性状态和反馈变换，使非线性系统在一定条件下可以实现状态或输入/输出的精确线性化，从而将非线性系统的综合问题转化为线性系统的综合问题。它与传统的利用泰勒展开进行局部线性化近似方法不同，在线性化过程中没有忽略掉任何非线性项，因此这种方法不仅是精确的，而且是整体的，即线性化对变换有定义的整个区域都适用。

（1）微分几何方法。

该方法是通过微分同胚映射实现坐标变换，根据变换后的系统引入非线性反馈，实现非线性系统的精确线性化，从而将非线性问题转化为线性系统的综合问题。该方法适合于仿射非线性系统。

（2）逆系统方法。

该方法的基本思想是：通过求取被控过程的逆过程，将之串联在被控过程前面，得到解耦的被控对象，然后再用线性系统理论进行设计。由于系统可逆性概念是不局限于系统方程的特点形式，而具有一定的普遍性，概念和方法容易理解，也避免了微分几何或其他抽象的专门性数学理论的引入，从而形成了一种简明的非线性控制理论分支。逆系统方法研究的基本问题是：一个系统是否可逆，如何获得一个系统的逆系统，逆系统结构的物理可实现等问题。

（3）直接反馈线性化（DFL）方法。

该方法的基本思想是：选择虚拟控制量，从而抵消原系统中的非线性因素，使系统实现线性化。这种方法不需要进行复杂的非线性坐标变换，物理概念清楚，数学过程简明，便于工程界掌握。该方法不仅适用于仿射非线性系统，而且对于非仿射形非线性系统以及一类非光滑非线性系统均可适用。研究的基本问题有：如何应用 DFL 理论使系统线性化，线性化以后能否由虚拟输入量的表达式中求得非线性反馈控制律，线性化以后系统的性质（如可接性、可观性）如何。反馈线性化方法为解决一类非线性系统的分析与综合问题提供了强有力的手段，但是这些方法都要求有苛刻的条件，且结构复杂，有时很难获得所需的非线性变换；另一方面许多实际系统具有非完整约束的力学系统，不再满足精确线性化方法中的条件要求，因而非线性系统的近似处理方法具有相当的理论与应用意义。

非线性控制理论发展至今已取得了丰硕的研究成果，并得到了广泛的应用，但由于非线性系统的复杂性，非线性系统的分析是十分复杂与困难的，在许多问题面前，非线性理论显得无能为力，面临着一系列严峻的挑战。例如，当被控对象相对复杂时，用以上方法控制系统时会出现计算繁琐且计算量巨大等问题，这导致设计控制器比较困难。另一个难题就是被控对象的建模存在不确定性，如果想用以上固有的方法，就必须先获得精确的数学模型。但在真实的控制系统中，由于不可测扰动和外界干扰的存在，通常得不到精确模型。为了解决这些非线性系统控制中出现的难题，很多学者仍在研究更好的解决方案。

1.3.3　基于算子理论的鲁棒控制方法

本书所介绍的是基于演算子理论的鲁棒右互质分解方法。此方法起源于线性系统的互质分解理论。20 世纪 70 年代初，Rosenbrock 将互质分解理论引入到多变量系统，此后，线性互质分解理论被广泛运用到系统镇定和鲁棒稳定性研究中。Youla 参数化公式是将控制器和对象分别左右互质分解，从而得到镇定被控对象控制器的表达式[4]。之后，Nett 等人将对象进行左分解和右分解，并得出被控对象的 Bezout 恒等式因子的状态空间表达式，这些研究成果为 H^∞ 频率法的研究做好了理论基础[5-6]。线性互质分解方法现已基本完善。非线性系统的互质分解方法是从线性互质分解理论中进入改进得到的。由于非线性系统与线性系统有很多不同，线性系统的一些理论运用到非线性系统中并不合适。如果想在非线性系统上运用线性系统理论，需要理论和实验论证成立。在线性系统中，左互质分解和右互质分解的研究是一致的，其都与 Bezout 恒等式一致，而在非线性系统中却不同，其中右互质分解与 Bzout 等式对应，但左互质分解就没有这种对应关系了。现今，对非线性互质分解的研究逐渐被学者重视，他们的研究主要有两大类，一类是输入—输出方法研究，另一类是用状态空间的方法研究。虽然这对非线性右互质分解的研究尚不完善，但其应用的演算子是定义在扩展的 Banach 空间上更一般的 Lipschitz 演算子，能够更好地处理演算子的逆、因果性、稳定性问题；所用的演算子可以是线性的也可以是非线性的，可以是有限维的也可以是无限维的，可以是频域也可是时域的，应用范围广，其优势使很多学者投身对它研究。

DeFigueiredo 最先给出了非线性算子的准确概念[7]；之后 Chen 提出了鲁棒右互质分解性的概念，建立了系统的鲁棒右互质分解性与鲁棒稳定性之间的关系，而且证明了在满足 Bezout 等式的条件下才能进行右互质分解[8]。Chen 利用 Lypschitz 算子，得出了一类非线性系统具有鲁棒右互质分解性的充分必要条件。Deng 对此又进行了更深层的研究，讨论了非线性系统鲁棒右互质分解的可实现性。Deng 在 2008 年提出了基于算子理论的鲁棒右互质分解方法，并讨论解决非线性控制跟踪及故障检测等问题，得到了较好的结果[9]。之后，毕淑慧、温盛军等在此基础上又做了进一步研究[10]。基于算子理论的控制系统设计优点在于：应用的演算子是比定义在扩展的 Banach 空间上更一般的 Lipschitz 算子，能够更好地处理演算子的逆、因果性、稳定性问题；所用的演算子可以是线性的也可以是非线性的，可以是有限维的，也可以是无限维的，可以是频域，也可是时域的，应用范围广；对于不确定性的控制用一个范数不等式来限定，对设计反馈控制系统保持鲁棒稳定性提出了新概念；对于系统优化设计问题，所采用的控制器能够同时保持鲁棒稳定性与跟踪性能[11-12]。目前，此方法已经被逐步拓展到复杂系统的研究。因此，本书主要在于讲述基于算子理论的非线性控制系统设计，及其在一些过程控制系统中的应用。

参考文献

［1］ 王东云，王海泉，王瑷珲.计算机控制系统理论与设计［M］，北京：中国纺织出版社，2013.

［2］ 冯纯伯，张侃健.非线性系统的鲁棒控制［M］.北京：科学出版社，2004.

［3］ 伊西多，王奔，庄圣贤.非线性系统［M］.北京：电子工业出版社，2012.

［4］ A. Isidori. Nonlinrar control systems, 3rd ed. , Springer, Berlin, 1995.

［5］ B. D. O. Andersor, M. R. James. Robust stabilization of nonlinrar plants via left coprime factorization, Systems & Control Letters, 15（2）：pp. 125-135, 1990.

［6］ A. D. B. Paice, J. B. Moore, D. J. N. Linebeers. Robust stabilization of nonlinrar systems via normalized coprime factor representation, Automatica, 34（12）：pp. 1593-1599, 1998.

［7］ R. J. P. de Figueiredo, G. Chen. An operator theory approach, Nonlinear feedback control systems, New York：Academic Press, INC. , 1993.

［8］ G. Chen, R. J. P. de Figueiredo. On construction of coprime factorization of nonlinear feedback control system, Circuit System Signal Process, vol. 11, pp. 285-307, 1992.

［9］ D. Deng, A. Inoue, K. Ishikawa. Operator-based nonlinear feedback control design using robust right coprime factorization, IEEE Transactions on Automatic Control, vol. 51, no. 4, pp. 645-648, 2006.

［10］ 温盛军，毕淑慧，邓明聪. 一类新非线性控制方法：基于演算子理论的控制方法综述［J］.自动化学报，2013. 39（11）：1812-1819.

［11］ 朱芳来，罗建华.基于算子理论的非线性系统互质分解方法及现状［J］.桂林电子工业学院学报，2001：18-23.

［12］ S. Wen, D. Deng. Operator-based robust nonlinear control and fault detaction for a peltier actuated thermal process, Mathematical and Competer Modelling, 57（1-2）, pp. 16-29, 2013.

第 2 章　基于算子理论的控制系统设计

　　算子是对广泛运算的概括和抽象，算子理论是一种以输入空间的信号映射到输出空间的思想为基础的控制理论，它是一种先进的理论技术，所对应的研究对象并不需要近似化或线性化处理，因此被证实很适合非线性系统的研究。将算子理论应用到控制系统中的好处是控制设计会相对简单些，因为能保证有界输入和有界输出稳定性。

2.1　算子的定义

　　算子是指在相同数域上的向量空间之间的映射，特别是赋范向量空间（如函数空间）之间的映射。非线性算子又称非线性映射，是不满足线性条件的算子[1]。非线性系统 Σ 总是和它的输入—输出映射 P（operator，即算子）等同看待，如图 2-1 所示。

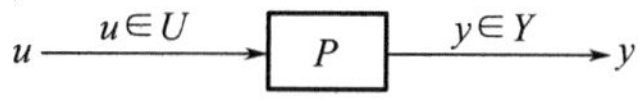

$$u \xrightarrow{\quad u \in U \quad} \boxed{P} \xrightarrow{\quad y \in Y \quad} y$$

图 2-1　非线性算子 P

其中，非线性系统 Σ 与非线性算子 P 可以表示为

$$\Sigma P : U \to Y \tag{2-1}$$

式中，U 和 Y 分别是输入和输出函数空间，均为赋范线性空间。

　　定义 1：赋范线性空间

　　设 E 是实数（或复数）域 K 上的线性空间。若按一定规则 $\forall x \in E \to \exists !$ 实数 $\|x\| \geqslant 0$，且满足下列三条（范数公里）：

　　（1）正定性：$\|x\| \geqslant 0$，当且仅当 $x = 0$ 时，$\|x\| = 0$；

　　（2）齐次性：$\|\alpha x\| = |\alpha| \cdot \|x\|$，其中，$|\alpha|$ 为 α 的模；

　　（3）三角不等式：$\forall x, y \in E$，有 $|\ \|x\| - \|y\|\ | \leqslant \|x + y\| \leqslant \|x\| + \|y\|$。

　　则称实数 $\|x\|$ 为 x 的范数，称 E 为赋范线性空间，记作 $(E, \|\cdot\|)$ 或 E。

　　定义 2：算子 P 的范数

　　算子 P 的范数按照下式定义：

$$\|P\| = \|P(0)\| + \sup_{u \in U,\ u \neq 0} \frac{\|P(u) - P(0)\|}{\|u\|} \tag{2-2}$$

　　也可定义如下：

$$\|P\| = \|P(u_0)\| + \sup_{\substack{u_1,\ u_2 \in U, \\ u_1 \neq u_2}} \frac{\|P(u_1) - P(u_2)\|}{\|u_1 - u_2\|} \tag{2-3}$$

其中，$u_0 \in U_s$ 是任意的。也可以如下定义半范数：

$$\| P \| = \sup_{\substack{u_1, u_2 \in U, \\ u_1 \neq u_2}} \frac{\| P(u_1) - P(u_2) \|}{\| u_1 - u_2 \|} \tag{2-4}$$

定义 3：扩展的 Banach 空间

令 X 为定义域为 $[0, \infty)$ 的实数函数上的 Banach 空间，扩展的 Banach 空间 X^e 与 X 由定义在 $[0, \infty)$ 上的实数域函数 $x(t)$ 所构成的向量空间：

$$X^e = \{x(t): \| x_T \| < \infty \quad \forall T \in [0, \infty)\} \tag{2-5}$$

其中，$x_T(t)$ 是被 T 切断的 $x(t)$，定义如下：

$$x_T(t) = \begin{cases} x(t), & 0 \leq t \leq T \\ 0, & T < t < \infty \end{cases} \tag{2-6}$$

定义 4：因果非线性算子

令 $P: D(G) \to R(G)$ 是一个非线性算子，该算子是在扩展 Banach 空间上的范围 $D(G)$ 到另一个扩展 Banach 空间上的变化范围 $R(G)$ 上的映射。如果对任意的函数 $x(\cdot), s(\cdot) \in D(G)$，意味着

$$x_T(t) = s_T(t), \quad [P(x)]_T(t) = [P(s)]_T(t) \tag{2-7}$$

其中，$T \in [0, \infty)$，$0 \leq t \leq \infty$，那么算子 P 被称为有因果关系的。

定义 5：稳定算子

令 U_s 和 Y_s 分别是赋范线性空间 U 和 Y 的稳定子空间，一般地，

$$U_s = \{u: u \in U, \| u \| < \infty\}, \quad Y_s = \{y, y \in Y, \| y \| < \infty\} \tag{2-8}$$

如果 $P(U_s) \subseteq Y_s$，那么算子 P 称为稳定的。

定义 6：单模算子

如果算子 P 可逆，且 P 和 P^{-1} 都是稳定的，则称算子 P 为单模算子。显然，对于单模算子 P 有：

$$P(U_s) = Y_s, \quad \text{且 } P^{-1}(Y_s) = U_s \tag{2-9}$$

定义 7：广义的 Lipschitz 算子

令 X^e、Y^e 为两个扩展的 Banach 空间，它们与定义在 $[0, \infty)$ 上的实数域函数的 Banach 空间相关联，且有子空间 U 满足 $U \subseteq Y^e$。非线性算子 $P: U \to Y^e$ 被称为 U 上的广义 Lipschitz 算子[2]。

如果存在常数 c 满足：

$$\| [Px]_T - [Ps]_T \|_Y \leq c \| x_T - s_T \|_X \tag{2-10}$$

其中，$\forall x, s \in U$ 且 $T \in [0, \infty)$。这样最小的 c 由下式决定：

$$\| P \| := \sup_{\substack{T \in [0, \infty), x, s \in U \\ x \neq s}} \frac{\| [Px]_T - [Gs]_T \|_Y}{\| x_T - s_T \|_X} \tag{2-11}$$

c 被称为广义 Lipschitz 算子的子范数和非线性算子 P 的实范数。

非线性算子的实范数由下式定义：

$$\| P \|_{\text{Lip}} = \| P0 \|_Y + \| P \| = \| P0 \|_Y + \sup_{\substack{T \in [0, \infty), x, s \in U \\ x \neq s}} \frac{\| [Px]_T - [Ps]_T \|_Y}{\| x_T - s_T \|_X} \tag{2-12}$$

此外，如果一个 Lipschitz 算子是稳定的，那么它被称为是有限增益稳定的。由式（2-12）

可以得到：

$$\parallel [P_x]_Y - [P_s]_T \parallel \ \leqslant \ \parallel P \parallel \parallel x_T - s_T \parallel_X \ \leqslant \ \parallel P \parallel_{Lip} \parallel x_T - s_T \parallel_X, \ T \in [0, \ \infty)$$

$$(2\text{-}13)$$

在此声明，本书中所有的有界线性算子是广义 Lipschitz 算子。我们并不是只考虑有限增益稳定，因为输入空间中的输入函数可能被映射到它的变化范围内的某个地方，而不在其输出空间中，所以一个有限增益算子在上述定义 7 下可能是不稳定的[3]。

2.2　基于算子的右互质分解

目前，基于算子理论的右互质分解技术已经被证明非常适合非线性系统的分析和综合，且不受输入信号形式的影响[6,7]。下面给出右互质分解的相关定义。

定义 8：反馈控制系统的适定性

对于一个反馈控制系统，如果组成系统的每个环节都是因果的，而且对给定的输入，系统内部的每个信号都是唯一被确定的，那么就称这个系统是适定的。

定义 9：算子的右分解

如果存在两个因果稳定的算子 N：$W \to Y$，D：$W \to U$，D 在 U 上是的可逆的，并且能使得：

$$P = ND^{-1} \ \text{或} \ PD = N \tag{2-14}$$

那么称 P 存在右分解。如果 N 和 D 都是 $f.g.$ 稳定的，那么称 P 存在 $f.g.$ 稳定的右分解。如图 2-2 所示[4]。

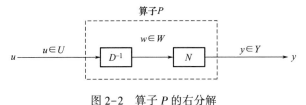

图 2-2　算子 P 的右分解

右分解的实例：$y(t) = P(u)(t) = \dfrac{1}{cm} \mathrm{e}^{-At} \displaystyle\int_0^t \mathrm{e}^{A\tau} u(\tau) d\tau$，这里 A、c、m 是系统参数。

取算子：

$$D：W \to U：u = D(w) = cmw \tag{2-15}$$

是线性放大器，故算子 D 是稳定的且在 U 上可逆，其逆算子 D^{-1}，$U \to W$ 为：

$$D^{-1}(u) = \frac{1}{cm} u。 \tag{2-16}$$

取算子 N，$W \to Y$ 为：

$$y = N(w) = \mathrm{e}^{-At} \int_0^t \mathrm{e}^{A\tau} w(\tau) d\tau, \tag{2-17}$$

有 $| y | = | \mathrm{e}^{-At} \int_0^t \mathrm{e}^{A\tau} w(\tau) d\tau | \leqslant \int_0^t | w(\tau) | d\tau$，可见算子 N：$W \to Y$ 是稳定的。

不难验证，对任一输入信号函数 $u \in U$，有：

$$ND^{-1}(u) = N(D^{-1}(u)) = N\left(\frac{1}{cm}u\right)$$

$$= e^{-At}\int_0^t e^{A\tau}\frac{1}{cm}u(\tau)d\tau = \frac{1}{cm}e^{-At}\int_0^t e^{A\tau}u(\tau)d\tau = P(u) \qquad (2\text{-}18)$$

即有 $P = ND^{-1}$。

定义 10：算子的右互质分解。

如果 P 存在右分解 $P = ND^{-1}$，且 N 和 D 在 W 上没有伪状态，则称 P 存在右互质分解。

所谓 W 上的伪状态 w，是指 $w \in W - W_s$，使得 $N(w) \in Y_s$，且 $D(w) \in U_s$。如图 2-3 所示[5]。

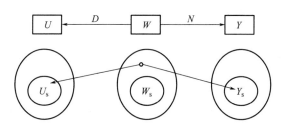

图 2-3　算子分解的伪状态

另外，设 N 和 D 是 P 的 $f.g.$ 稳定的右分解。如果 $D(W_s) = D_0(P)$，且存在 $\alpha > 0$，使得：

$$\left\| \binom{D}{N}w \right\| \geq \alpha \|w\|, \quad \forall w \in W_s, \qquad (2\text{-}19)$$

则称这个 $f.g.$ 稳定的右分解是互质的。

本文在对系统进行右互质分解时，用到的是基于 Bezout 的方法，有关 Bezout 方法下非线性算子的右互质分解，考虑图 2-4 所示的反馈系统，有以下结论[6]。

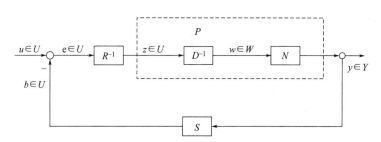

图 2-4　非线性反馈控制系统

如果图 2-4 所示的反馈系统是适定的，那么我们定义一隐算子（幺模）$\widetilde{M}: U \to W$ 且满足 $z = \widetilde{M}u$。这个算子能很好地被定义，尽管我们不知道其此时确切的规则（形式）。这个算子即将扮演很重要的角色，其被用来表示系统右互质分解的性质和研究右互质分解的鲁棒性。

令 P 存在右分解 $P = ND^{-1}$，如果存在两个稳定的算子 $S: Y \to U$，$R: U \to U$，且 R 可逆，满足 Bezout 等式：

$$SN + RD = M，其中 M \in \mu(W，U) \tag{2-20}$$

那么称 P 的右分解是右互质分解。

通常，P 是不稳定的，$(N，D，S，R)$ 为待设计的（被称为系统的设计问题）。

值得注意的是，需要考虑系统的初始稳定，也就是说系统需要满足：

$$SN(\omega_0，t_0) + RD(\omega_0，t_0) = M(\omega_0，t_0) \tag{2-21}$$

有些文献中，研究人员简捷的选择 $W = U$，这样选择后，幺模算子 $M = I$，I 为单位算子。

定义 11：设图 2-4 中的控制系统是适定的，如果系统有右分解 $P = ND^{-1}$，那么系统是全局稳定的，当且仅当算子是幺模（阵）算子。

定义 11 表示如果系统 P 存在右分解 $P = ND^{-1}$，且 N 和 D 满足 Bezout 等式 $SN + RD = M$，M 为幺模算子，那么该系统是全局稳定的。

然而，在满足 Bezout 等式（2-20）后，可以得到图 2-5 所示的等效系统图。输出和参考输入关系可以表示成如下的式子：

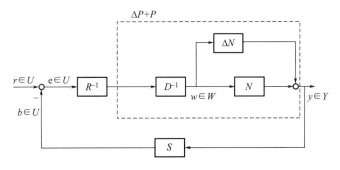

图 2-5　图 2-4 控制系统的等效系统图

$$y(t) = NM^{-1}(r)(t) \tag{2-22}$$

如果输出空间和参考输入空间相同，即：

$$NM^{-1} = I \tag{2-23}$$

那么系统的输出就能跟踪上输入信号。由于用此方法设计的控制器 S 和 R，既满足互质分解，也能保证系统的输出信号跟踪性能，简单的称条件（2-23）为一般条件[7]。

2.3　基于算子的鲁棒右互质分解

一般来说，如果一个相应的系统在具有不确定因素的情况下，系统仍然能保持稳定，那么该系统就可以说具有鲁棒稳定性能。至于在未知的有界不确定因素的情况下，怎样来保证非线性反馈控制系统右互质分解的鲁棒性的一个充分条件，在参考文献［8］给出了推导过程。

本节参照图 2-6 的非线性扰动系统，来考虑非线性系统右互质分解的鲁棒性。非线性系统右互质分解的鲁棒性是指可进行右互质分解的系统，如果受到外部干扰仍保持右互质分解性不变。具体地说，在图 2-6 中，设非线性系统 P 具有右分解 $P = ND^{-1}$，进一步分析，如果

图 2-6　非线性扰动系统

存在两个稳定算子 S 和 R，且这两个算子能满足 Bezout 等式 $SN + RD = M$，那么系统存在右互质分解因子（或满足有互质分解），即该分解是右互质分解[6]。

假定 P 受到扰动 ΔP，令 $\widetilde{P} = P + \Delta P$。若 $\widetilde{P}$ 具有右互质分解，

$$\widetilde{P} = P + \Delta P = (N + \Delta N)D^{-1} \tag{2-24}$$

则称系统 P 具有右互质分解的鲁棒性。其中，N 和 D 是稳定是算子，ΔN 是有界的未知的算子。基于空集的定义，文献［6］得到了以下的充分条件，来保证非线性反馈控制系统的鲁棒稳定性。

$$S(N + \Delta N) = SN \tag{2-25}$$

在满足条件 $R(\Delta N) \subseteq N(S)$，其中 $N(S)$ 为空集，定义如下

$$N(A) = \{x: x \in D(S) \text{ and } S(y + x) = Sy, \ \forall \ y \in D(S)\} \tag{2-26}$$

基于上面的理论，图 2-6 所示的系统将会是稳定的，因为

$$S(N + \Delta N) + RD = SN + RD = M \tag{2-27}$$

所以，在系统受到扰动 ΔP 的情况下，系统 $\widetilde{P}$ 的分解仍然是一个右互质的分解。然而由于文献［6］给出的条件式（2-25）太苛刻，在实际系统里只会在很少的情况下满足，所以不便于广泛应用到实际系统中。因此，为了改善和扩展条件，基于李普希茨范数，文献［8］提出了更广泛的条件。

定义 12：令 D^e 为扩展的线性空间 U^e 的一个线性子空间，并与给定的 Banach 空间 U_B 相关联。设 Bezout 等式和非线性算子分别具有如下形式 $SN + RD = M \in \mu(W, U)$，$S(N + \Delta N) + RD = \widetilde{M}$。

如果

$$\| [S(N + \Delta N) - SN]M^{-1} \| < 1 \tag{2-28}$$

那么图 2-6 的反馈控制系统是稳定的。关于式（2-13）的证明，请参考文献［8］。值得注意的是，式（2-28）中，$\widetilde{M}$ 必须为满足 Bezout 等式 $S(N + \Delta N) + RD = \widetilde{M}$ 的幺模算子，这个 Bezout 等式被称为扰动的 Bezout 等式，即非线性系统中存在不确定扰动。

参考文献

［1］R. J. P. de Figueiredo, G. Chen. An operator theory approach, Nonlinear feedback control systems, New York: Academic Press, INC., 1993.

［2］G. Chen, R. J. P. de Figueiredo. On construction of coprime factorization of nonlinear feedback control system, Circuit System Signal Process, vol. 11, pp. 285-307, 1992.

［3］B. D. O. Andersor M. R. James, M. R. James. Robust stabilization of nonlinrar plants via left coprime factorization, Systems &Control Letters, 15（2）: pp. 125-135, 1990.

［4］M. S. Verma, L. R. Hunt. Right coprime factorizations and stabilization for nonlinear systems, IEEE Transactions on Automatic Control, vol. 38, pp. 222-231, 1993.

［5］A. D. B. Paice, J. B. Moore, D. J. N. Linebeers. Robust stabilization of nonlinrar systems via normalized coprime factor representation, Automatica, 34（12）: pp. 1593-1599, 1998.

［6］ G. Chen, Z. Han. Robust right coprime factorization and robust stabilization of nonlinrar feedback control sys-
tems, IEEE Transactions on Automatic Control, vol. 43, no. 10, pp. 1505−1510, 1998.

［7］ G. Chen, Z. Han. Dynamic coprime factorization nonlinrar systems, Nonlinear Analysis, Theory, Methods,
305: 3113−3120, 1997.

［8］ D. Deng, A. Inoue, K. Ishikawa. Operator−based nonlinear feedback control design using robust right coprime
factorization, IEEE Transactions on Automatic Control, vol. 51, no. 4, pp. 645−648, 2006.

第3章 基于算子理论的 半导体制冷系统控制

3.1 半导体制冷系统概述

3.1.1 半导体制冷原理

常用的制冷方法有化学制冷、相变制冷、气体绝缘膨胀制冷及本文用到的半导体制冷等。化学制冷是通过能产生吸热效果的化学反应，到达产生一定温差的效果。这种方法方便快捷，一般不需要加其他能量，但在制冷的同时需要消耗大量的反应物，同时温度的稳定性也比较难控制。相变制冷是利用物质状态的改变实现吸热，从而实现制冷，例如干冰制冷，此方法适用于大面积环境降温，但不适用于控制仪器设备，很到长时间保持相变以达到制冷目的。气体绝热膨胀制冷的原理是高压舱位流体通过绝热膨胀变为低温流体，对需要降温的物体进行降温。其优点是可以长期不断的工作，适用于空调、冰箱等大型设备制冷，对于小型仪器，成本较高，且有些气体泄漏会造成环境污染。

半导体制冷材料是一新型的制冷原材料。半导体制冷（又称热电制冷或温差电制冷），就是利用"帕尔帖效应"的一种制冷方法，与压缩式制冷和吸收式制冷并称为世界三大制冷方式。珀尔贴的应用主要在于它具有的珀尔贴效应。德国科学家 Thomas Seeback 最早于 1821年发现了珀尔贴现象，封闭回路的导线由两种不同的金属组成时，当接上电源之后，热量将会从导线的一段传向另一端，这就是珀尔贴效应[1]。但是 Thomas Seeback 当时对该现象却给出了不正确的推论，该现象其中真正的科学原理并没有被发现。直到 1834 年，法国表匠 Jean Peltier 才发现其背后的真正原因，他同时也是法国的兼职研究此现象的物理学家。珀尔帖会出现这种特殊现象的原因在于：当直流电源接通在由两块不同导体连接成的电偶时，电流流过电偶时，会使电偶内部的能量发生转移，一个接触点变冷会释放热量，另一个接触点变热会吸收热量，人们称此现象为珀尔帖效应。珀尔帖效应虽然早在 19 世纪三四十年代就被发现了，但是在很长一段时间里，对它的研究仅限于实验室阶段。直到 20 世纪 90 年代，苏联学者在此方面研究有了初步进展，认为比金属半导体材料更适合热电半导体材料的物质——碲化铋为基的化合物。至此，这种制冷方法才逐渐变为适合实际应用的制冷元件。

事实上，只要是由不同类别的导电体形成的闭合回路，当接上电源后在接点处就能有一端放热和一端吸热的现象。在导体中，电荷载体的运动形成电流，因为电荷在不同的材料中，它所处的能量级也是不同的，当它从高能级向低能级运动时，就会释放出多余的热量（即放热）。相反，如果从低能级向高能级运动时，就需要从外界吸收热量（即制冷）。所以，两种材料的能级差（热电势差）就决定了导体两端的吸热、放热的效果。由于纯金属的导热和导电性能好，而且在金属导体中，参与导电的自由电子平均能量差很小，所以金属导体的放热和吸热效果并不明显。而一些小型的热电制冷器是用具有很高热电势的半导体材料做成的。科学家们通过很多次实验的验证发现：N 型半导体和 P 型半导体具有最大的热电势差，冷接点处在其应用中表现出了明显并有效的制冷效果。

珀尔帖效应就是电流流过两种不同导体的界面时（N、P 型材料组成的热电偶），将从外界吸收热量，或向外界放出热量。在单位时间内，接头处单位面积吸收的热量与通过接头处的电流密度成正比。其工作基本原理如图 3-1 所示，N 型半导体是自由电子浓度远大于空穴浓度的杂质半导体，主要靠自由电子导电，P 型半导体是空穴浓度远大于自由电子浓度的杂质半导体，主要靠空穴导电[2]。而金属导体里面有自由运动的电子，导电的原因是自由电子的运动。因为金属与半导体之间的电子是不能传递的，电子

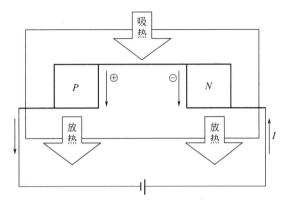

图 3-1　半导体制冷原理图

只能在同一物体内部运动，故金属导体仅仅是起到导电的作用。当回路中接通电流时，N 型半导体中的电子和 P 型半导体的空穴都由上往下运动，在上方内能转换为运动的势能使之下移，而到下方运动的势能又转换为内能放热。P 型半导体的空穴由上到下，上端因电子空穴脱离吸收热量，到下方空穴与电子结合产生热量；同理 N 型半导体的电子运动为由上到下，在上端电子启动，需吸收能量转换成势能，下方电子停止运动，与空穴结合放热。

半导体制冷器是建立在珀尔帖效应基础之上的制冷器件，它是采用能起制冷作用的半导体材料制成的。当一块 N 型和一块 P 型半导体制冷元件构成温差电偶，并通入直流稳流电源时，在温差电偶臂中就会发生能量的转移，从而产生制冷效应。

实际上制冷器的冷端除了从周围环境吸收的热量除 Q_x 外，还有两个：其中一个是焦耳热 Q_j；而另一个是传导热 Q_k。电流从制冷器内部通过时就会产生一定量的焦耳热，其中焦耳热的一半传到制冷器的热端，另一半却传到制冷器的冷端，即传导热从珀尔贴热端传至冷端。

珀尔贴器件冷端的吸热量：

$$Q_c = Q_p - Q_j - Q_k = \alpha T_c I - \frac{1}{2} I^2 R - K(T_b - T_c) \tag{3-1}$$

珀尔贴器件热端的散热量：

$$Q_h = Q_p + Q_j - Q_k = \alpha T_h I + \frac{1}{2} I^2 R - K(T_b - T_c) \tag{3-2}$$

式中：R ——一对电偶的总的电阻；

　　K ——总的热导量。

半导体制冷技术曾在 20 世纪 50 年代盛极一时，由于其简易的特征，即一通电便能制冷，这使它受到许多厂家的喜爱，并计划将其应用到冰箱等产品上，然而当时的半导体材料和工艺的不成熟使得对半导体的应用没有能进入实用化。

随着科技的快速发展，半导体制冷器件的参入杂质的浓度和种类、材料特性和器件制造工艺等技术上的难关都已被突破。使得半导体制冷的优势得以体现，目前在医疗、军事、工业、航天航空和日常生活用品等诸多领域半导体制冷逐渐得到广泛的应用。

半导体制冷是一种固体制冷方式，其制冷的实现是依靠内部的空穴和电子的运动来传递热量来达到的。在技术应用上与传统制冷系统相比其具有的优点和特点如下[3]：

（1）制冷时无需制冷剂，可以长时间不间断工作，不会产生污染，制冷装置仅为一个片件，制冷运行时不会有噪音和振动产生，且器件的安装简便，器件使用的寿命也长久。

（2）半导体制冷元件在工作时既能制冷又能加热。因此要同时实现制冷系统和加热系统只需要用一片制冷器件就可以。

（3）半导体制冷元件的制冷效应跟电流有关，这样就能够通过控制元器件的工作电流，来达到对象温度的控制，另外加以温度检测方法和控制方案就可以实现温度自动控制系统。

（4）半导体制冷元件的热惯性小，制冷、制热所需要的时间很短，在冷端没有负荷和热端具有良好散热条件的情况下，通电不超过一分钟，半导体制冷片两端就能够达到最大的温差。

（5）由单个半导体制冷元件组合成电堆，再通过并联或串联的方法与同类型电堆组合成制冷系统，其制冷功率可以非常大，所以半导体的制冷功率可以在几毫瓦至上万瓦的范围内都做到。

（6）半导体制冷元件的温差范围很大，可以实现从负130℃到正90℃的范围。

3.1.2　半导体制冷装置

本半导体制冷装置的制冷片采用 TEC1 - 12704，如图 3 - 2 所示，它的参数如表 3 - 1 所示[4]。

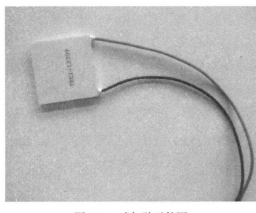

图 3-2　珀尔贴元件图

表 3-1　半导体制冷片参数

外观尺寸	40mm×40mm×3.3mm
元件对数	127 对
极限电压 V_{max}	15V
最大电流 I_{max}	9A
最大温差 T_{max}	66℃ 以上
最大制冷量 Q_{max}	76.5W
承受装配压力	90N/cm²
存放环境温度	-10℃ ~40℃
工作环境温度	-55℃ ~80℃

虽然极限电压为15V，但工作电压为12V时，制冷片制冷效果最佳，所以为了提高电能的利用率，为制冷片提供12V的电源，采用PWM控制。为提高半导体制冷片的性能，散热一般有空气自然对流、空气强制对流、水冷散热、热管散热，本实验系统采用铜管散热。

图 3-3 所示为珀尔贴制冷系统结构示意，图 3-4 所示为珀尔贴制冷实验系统[5]。半导体

制冷系统由控制器工控机、AD 板卡、PWM 板卡、恒温器、珀尔贴制冷装置、温度传感器组成。两个板卡插在工控机主板的插槽中，由专用转接端子与信号调理板相连。温度传感器输出的温度信号，经过信号调理板放大，然后由 AD 板卡采集数据送到工控机。工控机根据得到的温度数据进行控制算法的运算，计算得到控制信号来控制 PWM 板卡输出相应占空比的 PWM 波，控制珀尔贴的制冷能力，从而调节铝板的温度。由于珀尔贴本身就是一个非线性的元件，所以铝板的热传导制冷控制也是一个非线性控制过程。

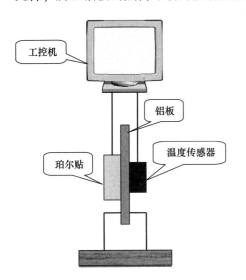

图 3-3　珀尔贴制冷系统结构示意图

图 3-4　珀尔贴制冷系统实物图

　　实验系统中的温度传感器采用被广泛应用的模拟温度传感器 LM35DZ，可测温度范围为 0~100℃，对应的电压输出为 0V~1V。传感器采用了内部补偿，它的温度输出可以从 0℃ 开始。在常温时，LM35DZ 的温度误差能够达到 ±1/4℃ 内。温度与输出电压是线性正比关系，关系简单，相互转换方便，温度与输出电压的比例系数为 10mV/℃。由于 LM35DZ 的模拟电压输出最大为 1V，为了提高 AD 板卡 PCL-812PG 采集时的温度精度，温度传感器的输出信号经过一级放大，放大电路如图 3-5 所示。图中 J8 端子连接 LM35DZ 温度传感器，根据放大器的原理，易得放大电路输入电压 U_i 与输出电压 U_o 之间关系为：

$$\frac{U_o}{U_i} = \frac{R_4 + W_2 + R_8}{R_8} \tag{3-3}$$

根据图中标注的电阻阻值，可以得到放大电路的放大倍数。

$$A = \frac{U_o}{U_i} = \frac{2000 + W_2}{2000} \tag{3-4}$$

　　调整 W_2 的阻值，可以调整放大电路的放大倍数，范围为 1~6 倍。

　　电压信号放大后，由插在工控机中的 PCL-812PG 板卡进行 A/D 转换。PCL-812PG 带有一个 12 位逐位逼近式 A/D 转换器。转换器采用 HADC574Z（嵌入式采样保持器），转换速率最高可达 30kHz，转换精度为 0.015%。它有软件触发，程序定时触发和外部触发三种模式。输入电压可以是双极性 +/-10V、+/-5V、+/-2.5V、+/-1.25V、+/-0.625V、+/-0.3125V，所有输入电平可以软件编程控制。

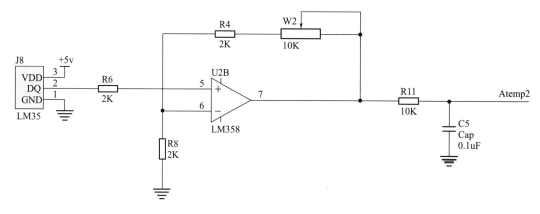

图 3-5　电压信号放大电路

实验系统采用的 PWM 输出板卡为 PCI-1760U。PCI-1760U 是一款 PCI 总线的继电器输出及隔离数字输入卡，它有 2 路可由用户定义的隔离脉宽调制 PWM 输出，分辨率为 16 位（每步 0.1ms）。高电平、低电平最大周期都为 [（1~65535）·100μs]+50μs。

由于输出的 PWM 幅值为 5V，而珀尔贴额定电压为 12V，则需要一个幅值功率放大电路，提高电路带负载的能力。幅值功率转换电路如图 3-6 所示，电路同时具有模数电路隔离功

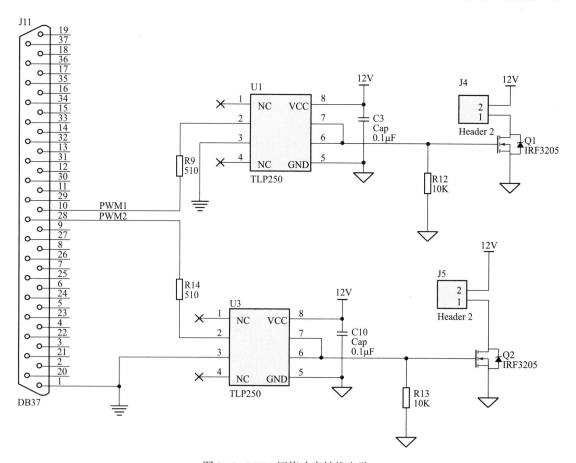

图 3-6　PWM 幅值功率转换电路

能，避免模拟电路对数字电路信号的干扰。光
电隔离部分采用 TLP250 芯片（原理如图 3-7
所示），功率放大则采用 IRF3205 芯片。PWM
信号由 TLP250 芯片的管脚 2 输入，管脚 3 接
地。当 PWM 信号为高电平时，TLP250 芯片内
部的发光二极管被点亮，管脚 6、7 输出高电
平，则 MOSFET 管 IRF3205 导通，负载开始工
作；当 PWM 信号为低电平时，TLP250 芯片内
部的发光二极管不导通，管脚 6、7 输出低电
平，则 MOSFET 管处于截止状态，负载不工作。

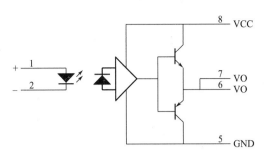

图 3-7　TLP250 原理图

　　研华设备驱动软件封装了操作板卡的底层代码，留出了打开设备，关闭设备，配置设备，
使能设备等程序接口。只要用户按照接口所规定的参数格式进行操作，就能很方便地使用板
卡。它的使用结构如图 3-8 所示。用户可以安装 VB 或 VC 的编程环境，然后安装提供的例子
程序，找到提供的头文件与驱动库，复制到工程里，就可以按照需求对板卡进行操作。由于
程序过多，驱动接口可以参照提供的参考手册，参考手册有中文和英文两种格式，在安装程
序时可以选择安装。也可以在提供的例子程序基础上，对程序进行修改。只需要对 VB 和 VC
熟悉，就可以很方便并快捷的实现自己的功能。如果对编程不熟悉，也能够在实践中很快地
学会库函数的功能与使用，进而操作板卡。

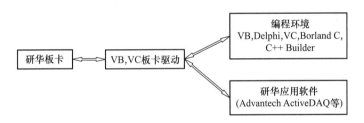

图 3-8　板卡使用结构

　　研华设备管理器是板卡的管理软件，它能够对板卡进行参数配置与测试，提供了界面式
的配置，可以让用户很方便的管理板卡。调用库函数时，也会用到这些配置信息，界面如
图 3-9 所示。安装完成相应板上驱动后，拖动研华设备管理器中 Supported Devices 列表的滚
动条，选中欲安装的设备，点击 Add；会弹出指定设备的配置，以 PCL-812PG 板卡为例，配
置界面如图 3-10 所示，主要需要配置中断通道、基地址、DMA 通道、A/D 转换范围、D/A
参考电压等信息。中断通道可以选择计算机中尚未被占用的中断通道，可以在计算机设备管
理器中，按照"依类型排序资源（Y）"查看设备管理器，展开中断选项，就可以看到计算
机内中断通道的使用情况。基地址则需要查看说明书，正确填入拨码开关代表的地址。其他
设置项则都要与 PCL-812PG 板卡上跳冒的连接一致。

　　配置完成后，在 Installed Devices 列表中就会显示已经配置完成的板卡信息，信息主要包
括设备号与设备名，设备号在调用设备打开函数时会用到。设备打开函数有一个设备号的
参数。

图 3-9　研华设备管理器界面

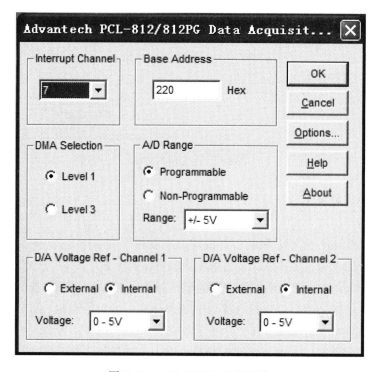

图 3-10　PCL-812PG 配置界面

　　驱动安装好，并在设备管理器中添加完板卡后，就可以操作添加成功的板卡。当需要测试板卡是否正常工作时，可以自己在 VB 或 VC 编程环境下编写程序测试，也可以利用设备管理器进行测试。研华设备管理软件还带有测试程序，可以很方便地测试板卡与计算机是否连接成功。当硬件通过专用连接线连接成功时，可以点击界面中的 test 对板卡进行测试。不同的板卡，测试的功能是不一样的。PCL-812PG 主要测试 A/D 转换，而 PCI-1760U 主要测试 PWM 输出功能。以 PCL-812PG 板卡为例，对于 PCL-812PG 板卡，主要用到板卡的 A/D 采集功能的 10 或 11 通道。当温度传感器输入到信号调理板的板 J7 端子，并在 Installed Devices 列表中选中 PCL-812PG 板卡，点击 Test，测试界面如图 3-11 所示，可以看到 A/D 采集的 10 通道采集到的数据，即当前温度对应的电压值，此电压值是经过信号调理板放大后的电压信号。

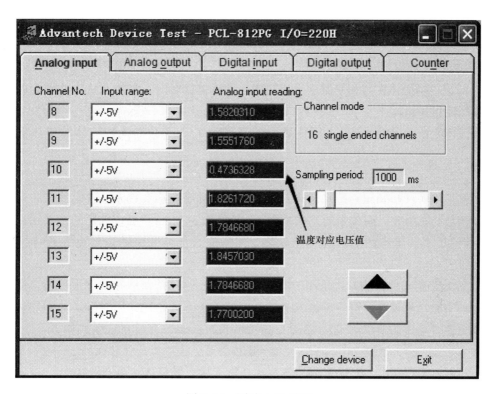

图 3-11　测试 A/D 界面

3.2　半导体制冷系统建模

3.2.1　传热学理论基础

本文中的理论建模用到傅里叶热传导定理、牛顿冷却对流定理、辐射定理、比热容定理、焦耳定律等热力学方程[3]。下面对几个方程做简要介绍。

（1）导热。均匀的物质内存在温度梯度的时候会导致其内部能量的传递，能量传递的速率可以用下式计算[42]：

$$q = -kA\frac{\partial T}{\partial n}$$

（3-5）

式中，$\dfrac{\partial T}{\partial n}$ 是在面积 A 在法线方向的温度梯度。导热系数 k 是由实验得到的所论物质的常数，其与温度和压力等其他参数有关，k 的单位为 W/m·K。式（3-5）为傅里叶（Fourier）定律，式中负号是基于热力学第二定律的要求：即由温度梯度所引起的热能传递方式必须是从热区到冷区。

如果包括表面在内，物体中每个点的温度不随时间变化，那么热能的传递就是稳态过程。如果温度会随着时间变化，能量或是从物体中传走，或是在物体中贮存，能量储存的速率是

$$q_{\text{stored}} = mc_{\text{p}} \frac{\partial T}{\partial t} \tag{3-6}$$

式中，m 是体积 V 和密度 ρ 的乘积。

（2）对流。当固体在与和它温度不相同的运动流体接触时，流体会从物体带走能量或者通过对流把能量传给物体。

如果流体上游的温度为 T_∞，固体表面的温度为 T_s，单位时间内物体的传热量由下式计算：

$$q = -hA(T_\infty - T_s) \tag{3-7}$$

上式就是牛顿（Newton）冷却定律，此时定义了对流换热系数 h，它是单位时间单位面积内的换热量与总温差之间关系的比例常数，h 的单位为 W/m²·K。重要的是必须记住：在固体-流体的边界，基本的能力交换的导热，然后通过流体的流动以对流方式将这些能量带走。

（3）辐射。第三种传热方式是基于电磁波的传播，这种传播能在真空中进行，也能在介质中进行。实验结果表明，辐射传热与绝对温度的 4 次方成正比，而对流换热和导热与线性温度差成正比。重要的斯忒藩-玻尔兹曼（Stefan-Boltamann）定律的表示式如下：

$$q = \sigma A T^4 \tag{3-8}$$

式中，T 是绝对温度；常数 σ 与介质、表面及温度无关，其值为 5.6697×10^{-8} W/m²·K⁴。理想的发射体，或称为黑体，所发射出的辐射能量按式（3-6）确定。但是所有其他物体表面发射出来的辐射能量少于黑体发射出的辐射能量，多表面（灰体）发出的辐射能量用下式计算：

$$q = \varepsilon \sigma A T^4 \tag{3-9}$$

式中 ε 为表面的射率，其值在 0 与 1 之间。

（4）比热容定理。

$$Q = cm\Delta T \tag{3-10}$$

式中 $c(\text{J/kg·K})$ 为物质比热容，$m(\text{kg})$ 为物质质量，$\Delta T(\text{K})$ 为温度变化。$Q(\text{J})$ 它表示一定质量的物质，在温度升高时，所吸收的热量与该物质的质量和升高的温度乘积成正比。

（5）焦耳定律。

$$Q_j = I^2 R \tag{3-11}$$

$Q_j(\text{W})$ 表明了单位时间内，传导电流将能量转换为热能的定律，产生的热量跟电流 $I(\text{A})$ 的二次方成正比，跟导体的电阻 $R(\Omega)$ 成正比。

（6）珀尔帖元件热公式：

$$Q = S_p T i \tag{3-12}$$

其中，Q 表示发热量（W），S_p 表示塞贝克系数（V/K），T 表示吸收的热量（K），i 表示电流（A）。

3.2.2　制冷系统建模

为了得到珀尔帖制冷系统的模型，首先需要对执行器进行分析，如图 3-12 所示，珀尔帖制冷系统中执行器的结构图，其中大的长方体代表铝板的体积，上面的灰色部分代表珀尔帖，珀尔帖贴在铝板一侧的中间，另一侧的中间是对应的温度传感器，S_3 表示的是珀尔帖的面积。

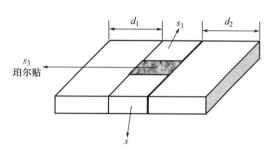

图 3-12　珀尔帖执行器结构图

又各种传热学定理、定律，我们可以得到由铝板中间到两端传导的热量：

$$Q_1 = -2\lambda S_4 (T_0 - T_x)/d_1 \tag{3-13}$$

铝板到空气中对流的热量：

$$Q_2 = -\alpha (T_0 - T_x)(2S_1 + 2S_2 - S_3) \tag{3-14}$$

珀尔帖从铝板吸收的热量：

$$Q_3 = S_p T_1 i - K(T_h - T_1) - \frac{1}{2} R_p i^2 \tag{3-15}$$

所有消耗的热量：

$$Q_4 = \frac{d(T_0 - T_x)mc}{dt} \tag{3-16}$$

T_x 是由温度传感器测得的铝板的温度，模型的尺寸大小及其相关参数分别列于表 3-2 和表 3-3 中[5]。

表 3-2　模型尺度大小

d_1	0.086（m）
d_2	0.068（m）
d_3	0.1（m）
d_4	0.24（m）
d_5	0.005（m）
S_1	$d_1 \times d_3$（m²）
S_2	$d_3 \times d_5$（m²）
S_3	$d_1 \times d_5$（m²）
S_4	$d_2 \times d_3$（m²）
S_5	$d_2 \times d_5$（m²）
S_6	9×10^{-4}（m²）

表 3-3 模型相关参数

外部温度（原始温度）	T_0 (K)
吸热面温度	T_1 (K)
散热面温度	T_h (K)
传感器温度（输出）	T_x (K)
电流（输入）	i (A)
铝的比热容	$c = 900$ (J/kg/K)
空气热转化率	$\alpha = 15$ (ω/m²/K)
铝的热传导率	$\lambda = 238$ (ω/m/K)
黑体辐射常数	$\sigma = 5.6697 \times 10^{-8}$ (W/m²/K⁴)
珀尔帖热传导率	$K = 0.63$ (W/K)
珀尔帖电阻	$R = 5.5$ (Ω)
塞贝克系数	$S = 0.053$ (V/K)
铝的密度	$d = 2700$ (kg/m³)
珀尔帖装置比热容	$c_2 = 160$ (J/kg/K)
铝板质量	$m = d_3 \times d_4 \times d_5 \times d$ (kg)

由热量守恒定律可知：

$$Q_4 = Q_1 + Q_2 + Q_3 \tag{3-17}$$

也就是：

$$\frac{d(T_0 - T_x)mc}{dt} = S_p T_1 i - K(T_h - T_i) - \frac{1}{2}R_p i^2 - \alpha(T_0 - T_x)(2S_1 + 2S_2 - S_3) - \frac{2\lambda S_4(T_0 - T_x)}{d_1} \tag{3-18}$$

由上式可知，系统的输出与输入电流是平方的关系，即与 i^2 有关，所以再次说明，该系统是一个非线性系统。

令 $T_0 - T_x$ 为输出 $y(t)$，Q_3 作为控制输入 $u_d(t)$，那么系统的模型可以表示为：

$$y(t) = T_x - T_0 = \frac{1}{cm}e^{-At}\int u_d(\tau)e^{A\tau}d\tau \tag{3-19}$$

其中，$A = \left[\alpha(2 \times S_1 + 2 \times S_2 - S_3) + 2 \times \lambda \times S_4/d_1\right]/cm$。

3.3 半导体制冷系统的鲁棒右互质分解控制

3.3.1 系统的右分解

式（3-19）中，$P(u_d)$ 具有右互质分解因子 N 和 D（与时间 t 无关），其中 $D^{-1} = \frac{1}{cm}u_d(t)$，$N$ 定义如下：

$$N(\omega) = e^{-At}\int e^{At}\omega(\tau)d\tau \tag{3-20}$$

由于本文主要考虑的是非线性扰动系统的稳定，给系统设定一个扰动信号 ΔN，对 N 的一个扰动。由式（3-20）可得到：

$$(N + \Delta N)(\omega)(T) = (e^{-At} + \Delta)\int e^{At}\omega(\tau)d\tau \tag{3-21}$$

3.3.2　鲁棒右互质分解控制器设计

基于图 2-6，控制器的设计必须满足如下两个条件，才能让设计的控制器使整个系统达到鲁棒稳定[6]。

$$SN + RD = L，L \text{ 为单模算子}$$

$$\| [S(N + \Delta N) - SN]L^{-1} \| < 1$$

考虑到 D 的结构，设计前馈控制器 $R(u_d) = \dfrac{B}{cm}u_d(t)$，$B$ 为常数。得到 $RD(\omega) = R(D) = R[cm\omega(t)] = \dfrac{B}{cm}cm\omega(t) = B\omega(t)$，这里之所以将控制器 R 设计成 $R(u_d) = \dfrac{B}{cm}u_d(t)$，是因为这样设计之后能使 $RD(\omega)$ 得到一个比较简单的表达式，从而便于反馈控制器 S 的求解。

将得到的 N、R、D 的表达式代入式（2-30），得到：

$$SN = (1 - B)\omega(t)$$

从图 3-13，我们可知从 N 输出的信号传输给了 S，由映射的关系

$$SN = S(N) = (1 - B)\omega(t) \tag{3-22}$$

由 $N(\omega) = e^{-At}\int e^{At}\omega(\tau)d\tau$ 推出 $e^{At}N(\omega) = \int e^{At}\omega(\tau)d\tau$，此式两边同时对 t 求导得：

$$Ae^{At}N(\omega) + e^{At}\frac{dN}{dt} = e^{At}\omega(t)$$

即

$$\omega(t) = AN(\omega) + \frac{dN}{dt} \tag{3-23}$$

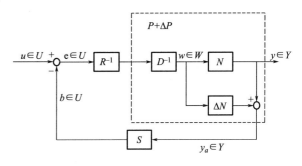

图 3-13　非线性反馈系统

将式（3-23）代入式（3-22）得：

$$S(N) = (1 - B)\left[AN(\omega) + \frac{dN}{dt}\right]$$

在图 3-13 中，控制器 S 的输入是 y_a，所以得：

$$S(y_a) = (1 - B)\left[Ay_a(t) + \frac{dy_a(t)}{dt}\right] \tag{3-24}$$

从图 3-13，我们可知从 ΔN 输来的信号传输给了 S，由式（3-24）我们可以得到：

$$S\Delta N = S(\Delta N) = (1 - B)\left[A(\Delta N) + \frac{d(\Delta N)}{dt}\right] \tag{3-25}$$

从式（3-20）得到 $\Delta N(\omega)(t) = \Delta\int e^{At}\omega(\tau)d\tau$，其中 Δ 也是 t 的函数。

将 ΔN 代入式（3-25）得：

$$\| S(N + \Delta N) - SN \| = \left| (1 - B)\left[\frac{\Delta}{dt}\int e^{A\tau}\omega(\tau)d\tau + \Delta e^{At}\omega(t) + A\Delta\int e^{A\tau}\omega(\tau)d\tau\right] \right|$$

因为 $B < 1$

所以，

$$\frac{\Delta}{dt}\int e^{A\tau}\omega(\tau)d\tau + \Delta e^{At}\omega(t) + A\Delta\int e^{A\tau}\omega(\tau)d\tau < \frac{L}{1-B} \qquad (3\text{--}26)$$

3.3.3 仿真与结果分析

珀尔贴热过程控制是一个典型的非线性控制过程，因为考虑的是对铝板的制冷控制，所以珀尔贴元件的吸热量用式（3-15）来计算。在系统的模型中，式（3-15）等效为

$$u_d = ST_1i - K(T_h - T_1) - \frac{1}{2}I^2R \qquad (3\text{--}27)$$

其中，ST_1i 表示在珀尔贴效应下，珀尔贴吸热面向散热面移动的热量，$K(T_h - T_1)$ 表示由于珀尔贴散热面和吸热面温度不同分子运动而产生的热量，$\frac{1}{2}Ri^2$ 表示电流产生的焦耳热[7]。

为了观看结果的方便，在仿真时，把华氏温度都转化成了摄氏温度，所以在仿真结果图里，所有温度的单位都是℃（摄氏度）。仿真过程用到的一些参数见表 3-4。对该系统的仿真时，设置初始温度 T_0 为 21.3℃。珀尔贴吸热面和散热面的温度变化的仿真结果如图 3-14 和图 3-15 所示。

表 3-4　仿真参数

参考输入	$r=3$ （K）
参数	$B=0.8$
电流	$i=2.2$ 或 0.0 （A）
初始温度	$T_0=21.3$ （K）
仿真时间	600 （s）
采样时间	100 （ms）

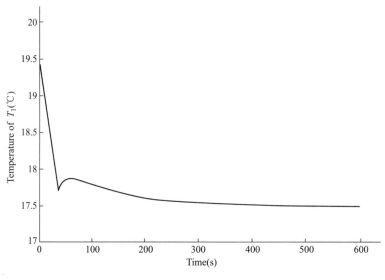

图 3-14　珀尔贴吸热面温度

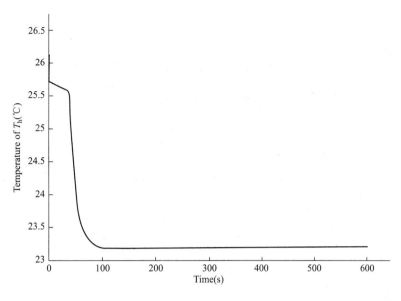

图 3-15 珀尔贴散热面温度

图 3-14 是珀尔贴吸热面温度的仿真结果，可以看虽然我们设置的初始温度是 21.3℃，但是在珀尔贴的吸热面温度能马上下降到大概 19.4℃，而散热面温度如图 3-15 所示，也能马上上升到 25.7℃，珀尔贴能在极短的时间内达到一个比较大的温差，最后吸热面和散热面的温度分别稳定在 17.5℃ 和 23.2℃。

系统输入和输出的仿真结果图如图 3-16 和图 3-17 所示。在仿真中，设定参考输入 r=3，r 指的是我们希望通过珀尔贴元件使铝板降低的温度，r 为 3 表示系统最后温度时，铝板的最后温度应该比在初始温度低 3℃。从系统输出的仿真结果图 3-17 可以看出，系统从初始温度 21.3℃ 最后稳定在 18.3℃；在仿真中，设置系统的输入电流限制在 0.0A 和 2.2A 之间，从系

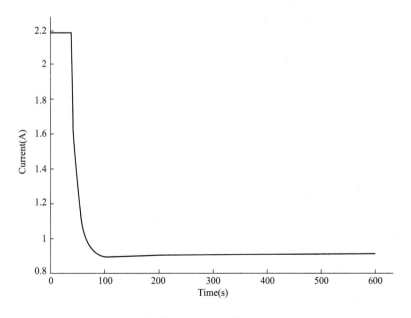

图 3-16 系统输入

统的输入仿真结果图 3-16 可以看出，电流最初是 2.2A，最后稳定在 0.9A。

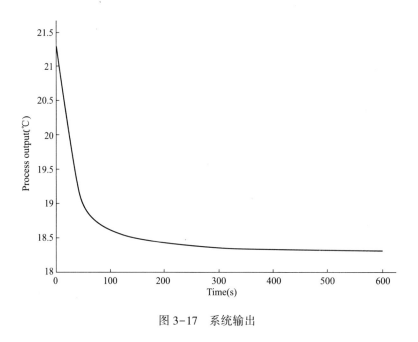

图 3-17　系统输出

这些与我们预期的结果是相同的，说明系统的右互质分解控制器 R 和 S 的设计是有效的，控制性能满足我们的设计要求。

3.4　带热辐射补偿的半导体制冷系统控制

热辐射是三种基本导热方式之一，虽然相比于导热和对流，其值非常小，但是通过仿真结果可以看出，热辐射对模型的制冷控制还是有一定的影响。所以本章在对制冷系统建立数学模型时，考虑热辐射对系统温度的影响，根据这个模型设计的控制器，能更接近实际的控制，在实际的应用中，也能达到更好的控制效果。然而，物体的热辐射是由斯忒藩-玻尔兹曼定律给出的，由于斯忒藩-玻尔兹曼定律中带有温度的 4 次方，这就使得系统的数学模型更加复杂，用一般的求解微分方程的方法很难求解，因此，提出用 SVM 的方法来预测这部分热量对系统模型的影响，这样便于系统控制器的设计和分析。

3.4.1　支持向量机理论基础

支持向量机是建立在统计学习理论和结构风险最小化原则基础上的，根据数量有限的样本信息在模型的复杂性和学习能力之间寻求最佳折中，以获得最好的推广能力，支持向量机的提出是机器学习领域的重大成果，因为具有一系列优点，是当今国内外研究的热点。

首先对训练样本数据是线性可分的情况下进行讨论，假设现在有一组训练样本数据 $(x_1, y_1), \cdots, (x_1, y_1)$，$x \in R$，$y \in \{+1, -1\}$，其中 l 为样本数量，x_i 为样本特征向量，y 是两种样本类别标签，支持向量机原理就是找到一个最优超平面将这两类数据最大限度地

分开，支持向量机的分类原理如图 3-18 所示，
图中三角形和正方形分别代表需要分类的两类
样本数据，H 为能将两类样本数据无错误分开
的分类面，可以容易的知道满足将两类样本数
据进行无错误分类这个条件的平面 H 会有很多，
支持向量机的核心思想就是找到最好的分类面
H，由图 3-18 看到，平面 H1 和 H2 分别是过两
类数据且平行于 H 的平面，在 H1 和 H2 知道的
条件下寻找到 H，要求 H 即可以使两类数据能
无错误的分开，同时又能使 H 到 H1 和 H2 之间
的间隔最大，这样求得的分类面 H 就叫作最优
超平面，位于 H1 和 H2 上样本叫支撑向量[8]。

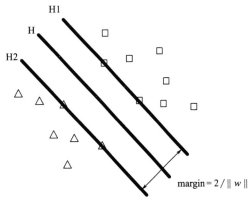

图 3-18　SVM 原理图

对于前面的假设，超平面可以用函数形式描述为：

$$g(x) = (w \cdot x) + b \tag{3-28}$$

分类结果如下式所示：

$$y_i[(w \cdot x_i) + b] \geqslant 1, i = 1, 2, \cdots, l \tag{3-29}$$

其中，w 是超平面 $g(x)$ 的法向量，b 是超平面 $g(x)$ 的平移分量，将决策函数进行归一化
处理使得两种类别的所有样本到超平面 $g(x)$ 的距离都满足 $|g(x)| \geqslant 1$，也即位于平面 H1 和
H2 上的支持向量到分类面的法向量距离为 $|g(x)| = 1$，此时分类间隔为 $2/\|w\|$，因此要使
得超平面的分类间隔最大就等价于求出最小的 $\|w\|$，该问题可以转化为求如下二次规划
问题：

$$\min \frac{1}{2}\|w\|^2 \tag{3-30}$$
$$s.t.\ y_i(w \cdot x_i + b) \geqslant 1, i = 1, 2, \cdots, l$$

对式（3-30）二次规划问题构造其 Lagrange 函数为：

$$L(w, b, \alpha) = \frac{1}{2}\|w\|^2 - \sum_{i=1}^{l} \alpha_i[y_i(w \cdot x_i + b) - 1] \tag{3-31}$$
$$s.t.\ \alpha_i \geqslant 0$$

其中 α_i 为 Lagrange 乘子，通常只有与支持向量对应的不为零。根据 Wolfe 对偶理论
式（3-31）的对偶形式可以写成：

$$\max \sum_{i=1}^{l} \alpha_i - \frac{1}{2}\sum_{i=1}^{l}\sum_{j=1}^{l} y_i y_j \alpha_i \alpha_j (x_i \cdot x_j)$$
$$s.t.\ \alpha_i \geqslant 0 \tag{3-32}$$
$$\sum_{i=1}^{l} y_i \alpha_i = 0$$

这是一个等式约束条件下的二次凸规划问题，且根据 KKT（Karush-Kuhn-Tucker）条
件，式（2-33）的最优解满足：

$$\alpha_i[y_i(w \cdot x_i) + b - 1] = 0, i = 1, 2, \cdots, l \tag{3-33}$$

因此大多数的训练样本都不会满足这个条件，只有处于平面 H1 和 H2 上的支持向量才会满足。对式（3-33）进行求解得到最后决策函数为：

$$f(x) = \text{sgn}\Big(\sum_{i} \alpha_i y_i x_i \cdot x + b \Big) \tag{3-34}$$

其中 i 表示样本数据中支持向量所对应的序列。

当训练样本数据受到噪声干扰时，会出现线性不可分的情况，这种情况下需要引入松弛变量 ξ_i，$i = 1, 2, \cdots, l$，式（2-6）的约束条件就变为：

$$y_i [(w \cdot x_i) + b] \geq 1 - \xi_i \, i = 1, 2, \cdots, l \tag{3-35}$$

因此求超平面的二次规划问题应该表示为：

$$\min \frac{1}{2} \| w \|^2 + C \sum_{i=1}^{l} \xi_i$$
$$s.t. \, y_i [(w \cdot x_i) + b] \geq 1 - \xi_i \tag{3-36}$$
$$\xi_i \geq 0, i = 1, 2, \cdots, l$$

其中 $C > 0$ 叫作惩罚因子，C 越大对样本进行错误分类的惩罚程度就越大，分类器出现错误分类的概率就越小，但是相对应的分类器的泛化能力就会下降，相反的 C 越小，分类器在分类时对样本错误分类的概率就会较大，泛化能力会比较强，C 在使用分类器进行分类时是可以根据需要设置的，通过对它的设置可以实现对泛化能力和分类误差之间进行折中。这时，式（3-36）二次规划问题的拉格朗日函数就表示为：

$$L = \frac{1}{2} \| w \|^2 + C \sum_{i=1}^{l} \xi_i - \sum_{i=1}^{l} \alpha_i [y_i (w \cdot x_i + b) - 1 + \xi_i] - \sum_{i=1}^{l} \beta_i \xi_i \tag{3-37}$$

其对偶问题：

$$\max \sum_{i=1}^{l} \alpha_i - \frac{1}{2} \sum_{i=1}^{l} \sum_{j=1}^{l} y_i y_j \alpha_i \alpha_j (x_i \cdot x_j)$$
$$s.t. \, 0 \leq \alpha_i \leq C \, \forall i \tag{3-38}$$
$$\sum_{i=1}^{l} y_i \alpha_i = 0$$

其 KKT 条件为：

$$\frac{\partial}{\partial w} L = w - \sum_{i} y_i \alpha_i x_i = 0$$

$$\frac{\partial}{\partial b} L = - \sum_{i} y_i \alpha_i = 0$$

$$\frac{\partial}{\partial \xi_i} L = C - \alpha_i - \beta_i = 0$$

$$y_i [(w \cdot x_i) + b] - 1 + \xi_i \geq 0$$

$$\xi_i, \alpha_i, \beta_i \geq 0$$

$$\alpha_i \{ y_i [(w \cdot x_i) + b] - 1 + \xi_i \} = 0$$

$$\beta_i \xi_i = 0$$

如果 $\alpha_i > 0$ 则说明与其对应的 x_i 为支持向量，最后求得分类函数为：

$$f(x) = \text{sgn}(w \cdot x + b) \tag{3-39}$$

上面对分类函数的求解过程是在需要分类的样本数据在所属空间里是线性可分的情况下来分析的，但是多数情况下，需要分类的样本数据往往不是线性可分的，对于不能线性可分的情况该如何构造二次规划问题来求解分类函数呢？对于这个问题，解决办法是通过一个非线性函数 $\Phi(\cdot)$ 将样本从所属空间投射到一个相对于其所属空间来说维数较高的空间中去，使其在高维的空间中线性可分，这样就可以运用前面的方法对非线性样本数据求分类超平面[9]。因此，对于非线性情况，分类超平面为：

$$w \cdot \Phi(x) + b = 0 \tag{3-40}$$

由式（3-40）可得到非线性情况下分类函数为：

$$f(x) = \text{sgn}[w \cdot \Phi(x) + b] \tag{3-41}$$

二次规划问题为：

$$\min \frac{1}{2} \| w \|^2 + C \sum_{i=1}^{l} \xi_i$$
$$s.t.\ y_i[w \cdot \Phi(x) + b] \geq 1 - \xi_i \tag{3-42}$$
$$\xi_i \geq 0$$

对偶形式（3-42）为：

$$\max \sum_{i=1}^{l} \alpha_i - \frac{1}{2} \sum_{i=1}^{l} \sum_{j=1}^{l} y_i y_j \alpha_i \alpha_j \Phi(x_i) \cdot \Phi(x_j) = \sum_{i=1}^{l} \alpha_i - \frac{1}{2} \sum_{i=1}^{l} \sum_{j=1}^{l} y_i y_j \alpha_i \alpha_j K(x_i, x_j)$$
$$\tag{3-43}$$

其中 $K(x_i, x_j) = \Phi(x_i) \cdot \Phi(x_j)$ 称为核函数。采用不同的核函数可以构造不同的学习机，目前常用的核函数有以下四种[10]：

（1）线性核函数：$K(x_i, x_j) = x_i \cdot x_j$。

（2）多项式核函数：$K(x_i, x_j) = (x_i \cdot x_j + 1)^d$。

（3）高斯核函数：$K(x_i, x_j) = \exp\left(-\dfrac{\| x_x - x_j \|^2}{\sigma^2}\right)$。

（4）神经网络核函数：$\tanh(kx_i \cdot x_j + \theta)$。

在现实应用中，大多数的需要进行分类的问题都是非线性的，因此核函数的提出对于支持向量机的发展和应用来说是十分必要的，解决了线性不可分的难题，大大的推广了支持向量机的应用空间，但是，目前对于如何选择合适的核函数来达到最好的分类效果，还没有一个统一的理论体系，往往都是根据经验进行选择。经过大量的使用，从使用不同的核函数的结果对比来看，对大部分的需要分类的样本来说，使用高斯核函数和多项式核函数的分类效果会比使用其他核函数的分类效果要好一点，所以，首选使用高斯核函数和多项式核函数，实际上，根据训练数据的不同情况，各种核函数都有其优点和缺点。对核函数的研究也成为支持向量机算法研究的一个重要部分。采用核函数代替分类函数中的内积运算，支持向量机结构如图 3-19 所示[10]。

起初支持向量机是针对数据分类问题提出的，但是实际的分类问题和回归问题一样都是优化求解问题，因此支持向量机也被广泛应用于非线性系统建模。

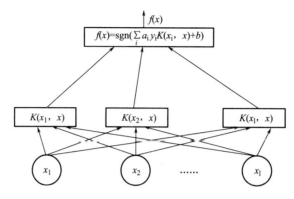

图 3-19　SVM 结构图

3.4.2　基于支持向量机的热辐射建模

本章的控制对象采用图 3-12 所示的热过程，但对铝板热过程建模时，考虑铝板辐射对其热量平衡的影响，模型建立如下[8]。

$$\frac{d(T_0 - T_x)mc}{dt} = u_d - \alpha(T_0 - T_x)(2S_1 + 2S_5 - S_6) - 2\lambda(T_0 - T_x)\frac{S_2}{d_1}$$
$$- \varepsilon\sigma(4S_1 + 2S_2 + 4S_3 + 2S_4 + 2S_5 - S_6)(T_0^4 - T_x^4) \qquad (3-44)$$

其中，T_0 为铝板的初始温度，T_x 为传感器的温度。式（3-45）的模型各部分的含义与第 3 章的模型相同，详细见 3.3 节。但是模型最后一部分 $\varepsilon\sigma(4S_1 + 2S_2 + 4S_3 + 2S_4 + 2S_5 - S_6)(T_0^4 - T_x^4)$ 表示的是铝板热辐射的能量。

由于在给铝板热过程建模时，考虑了辐射对热量平衡的影响，又因为辐射部分包含了温度的 4 次方，使得式（3-44）用一般的微分方程求解的方法不能求解，所以提出用 SVM 的方法来预测铝板热辐射部分的热量[7]。本书中，为了计算的简便，我们将模型对象近似看作是一个黑体。

首先令式（3-44）中

$$A = (\alpha(2 \times S_4 + 2 \times S_2 - S_6) + 2 \times \lambda \times S_2/d_1)/cm$$
$$M_{SVM} = \varepsilon\sigma(4S_1 + 2S_2 + 4S_3 + 2S_4 + 2S_5 - S_6)(T_0^4 - T_x^4)/(cm)$$

式（3-44）化简成如下形式

$$\frac{d(T_0 - T_x)}{dt} = \frac{u_d}{cm} - A(T_0 - T_x) - M_{SVM} \qquad (3-45)$$

其中，M_{SVM} 表示辐射部分的热量。本章用 SVM 的方法来建立 M_{SVM} 的模型，（文章后面出现的 M_{SVM} 也表示用 SVM 方法建立的 M_{SVM} 模型），用来预测辐射部分的热量。其实就是一个非线性的回归问题，而回归问题就是通过样本的数据寻找一个回归函数 f，使得这个函数对于样本之外的 x 可以通过函数 f 来找到对应的 y。因此，引入非线性映射 $\phi(\cdot)$，将 x 从原输入空间映射到高维特征空间里，这样就可以将原输入空间复杂的非线性回归问题简化为高维特征空间中的线性拟合问题，且在这个高维特征空间进行线性逼近函数 f，而且在非线性的 SVM 求解时不需要去了解映射 $\phi(\cdot)$ 的具体形式[12]。这个函数具有如下的形式：

$$f(\tilde{x}) = w^T \cdot \phi(\tilde{x}) + b, w \in R^d, b \in R \tag{3-46}$$

该模型的建立是依据有限个独立和分布式数据集 $(\overset{\sim}{x_i}, \overset{\sim}{y_i})$，其中，$x_i$ 为输入，y_i 为输出，w 为权向量，b 为补偿。本章在建立 M_{SVM} 模型时，输入是 u_d 和 T_x，输出就是 M_{SVM}，w 和 b 是由训练得到的数据。Vapnik 的 ε -不灵敏度支持向量回归的目的就是寻找一个函数 $f(\tilde{x})$，允许 y_i 的误差不超过参数 ε，是所有的训练数据都在 y_i 的平面上。为了考虑更多的干扰误差，引入非负的松弛变量 ξ 和 ξ^*。根据统计学习理论，式（3-44）的回归问题就转化为一个具有不等式约束的二次规划问题来描述[12]，与分类的二次规划问题相似，

$$\min_{w,b} \frac{1}{2} w^T \cdot w + C \sum_{i=1}^{l} (\xi_i + \xi_i^*) \tag{3-47}$$

约束条件为：

$$s.t. \begin{cases} \overset{\sim}{y_i} - (w^T \cdot \phi(\overset{\sim}{x_i}) + b) \leqslant \varepsilon + \xi_i \\ (w^T \cdot \phi(\overset{\sim}{x_i}) + b) - \overset{\sim}{y_i} \leqslant \varepsilon + \xi_i^* \\ \xi_i, \xi_i^* \geqslant 0, i = 1, \cdots, l \end{cases} \tag{3-48}$$

其中 C 为惩罚因子，且 $C > 0$；ε 为需要近似的精度。利用对偶原理，式（3-47）的优化求解可以转化为如下 Lagrange 对偶问题求解：

$$\max_{\alpha, \alpha} W(\alpha, \alpha^*) = -\frac{1}{2} \sum_{i=1}^{l} \sum_{j=1}^{l} Q_{ij}(\alpha_i - \alpha_i^*)(\alpha_i - \alpha_j^*) + \sum_{i=1}^{l} \overset{\sim}{y_i}(\alpha_i - \alpha_i^*) - \sum_{i=1}^{l} \varepsilon(\alpha_i + \alpha_i^*)$$

约束条件为：

$$s.t. \begin{cases} \alpha_i, \alpha_i^* \in [0, C], i = 1, \cdots, l \\ \sum_{i=1}^{l} (\alpha_i - \alpha_i^*) = 0 \\ K(\overset{\sim}{x_i}, \overset{\sim}{x_j}) = \phi(\overset{\sim}{x_i}) \cdot \phi(\overset{\sim}{x_j}) = Q_{ij} \end{cases} \tag{3-49}$$

最后，非线性函数回归的结果为：

$$\begin{aligned} f(\tilde{x}) &= \sum_{i=1}^{l} (\alpha_i - \alpha_i^*)(\overset{\sim}{x_i} \cdot \tilde{x}) + b \\ &= \sum_{i=1}^{l} (\alpha_i - \alpha_i^*) K(\overset{\sim}{x_i} \cdot \tilde{x}) + b \end{aligned} \tag{3-50}$$

式中，$K(\overset{\sim}{x_i}, \overset{\sim}{x_j}) = \phi(\overset{\sim}{x_i}) \cdot \phi(\overset{\sim}{x_j})$ 为核函数。线性核函数可以看成是一种特殊形式的径向基函数，而 sigmoid 核函数从某种程度上来说其特征与径向基函数相似。在径向基函数下，支持向量机算法能自动的确定中心、权值和阈值，所以在 SVM 算法里，我们选择径向基核函数，一些支持向量机算法的参数也可以自动确定，如权向量 w，补偿 b，松弛变量 ξ 和 ξ^* 和拉格朗日乘子 α_i 和 α_i^*。所以，支持向量机估测的准确性就在于参数 C，ε 和 σ 的设定，其中 C 是惩罚因子，它决定了模型的复杂性，ε 是误差精度参数，它控制了拟合训练数据的 ε 不灵敏区域的宽度，σ 为函数的宽度参数，它控制了函数的径向作用范围。因此，M_{SVM} 部分的

SVM 预测模型可以通过选择合适的参数 C，ε 和 σ 得到，即辐射部分的预测模型 M_{SVM} 可以建立起来。

3.4.3 带热辐射补偿的鲁棒控制

在系统数学模型式（3-45）中，令 $y(t) = T_x - T_0$，得到如下等式

$$\frac{dy}{dt} = \frac{u_d}{cm} - Ay - M_{SVM} \tag{3-51}$$

M_{SVM} 在模型式（3-49）中表示用 SVM 模型来预测的铝板热辐射部分热量，同时也表示 SVM 的模型。这里将热辐射看作系统的一个扰动 ΔP，求解系统数学模型得到如下解：

$$y(t) = T_x - T_0 = \frac{1}{cm}(e^{-At} + \Delta)\int u_d(\tau)e^{A\tau}d\tau \tag{3-52}$$

由于铝板热辐射部分看成了系统的一个扰动，所以为了消除这部分对系统的影响，设计一个基于 M_{SVM} 和补偿器 T 的补偿算子 P_{SVM} [7]。系统的鲁棒右互质分解如图 3-20 所示。

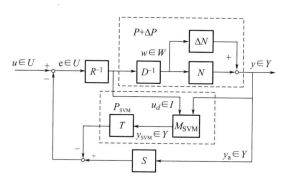

图 3-20　带有补偿算子 P_{SVM} 的系统鲁棒右互质分解

图 3-20 中，M_{SVM} 表示 SVM 模型，需要用 SVM 理论来实现，补偿器 T 用来转换信号 y_{SVM}，其中 y_{SVM} 是从输出空间 Y 到输入空间 U 的映射。

定义 $\Delta\widetilde{N} = S^{-1}TM(D, N)$，图 3-20 可以等效成图 3-21。如果系统满足下面的等式（3-53）、式（3-54）和不等式（3-55），那么考虑热辐射的模型能够右互质分解。文献[7] 有相关的证明过程，在此不再证明。

$$SN + RD = I \tag{3-53}$$

$$S(N + \Delta\widetilde{N}) - TM(D,N) + RD = L \tag{3-54}$$

$$\| S(N + \Delta\widetilde{N}) - TM(D,N) - SN \| < 1 \tag{3-55}$$

将不带扰动的系统右分解成如下两部分：

$$D^{-1} = \frac{1}{cm}u_d(t) \tag{3-56}$$

$$N(\omega) = e^{-At}\int e^{At}\omega(\tau)d\tau \tag{3-57}$$

由于考虑扰动 ΔP 由铝板热辐射产生的，所以相应的扰动算子可以表示成如下形式：

$$(N + \Delta N)(\omega)(t) = (e^{-At} + \Delta)\int e^{At}\omega(\tau)d\tau \tag{3-58}$$

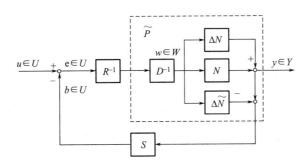

图 3-21　图 3-20 的等效结构图

其中，Δ 与 M_{SVM} 有关，且上式的稳定的。

对于非线性系统，非线性控制器 S 和 R 的设计必须满足 Bezout 等式（3-53）和不等式（3-55）。这里值得注意的是，系统必须满足初始稳定的条件，即要满足下面的等式：

$$SN(\omega_0)(t_0) + RD(\omega_0)(t_0) = I(\omega_0)(t_0) \tag{3-59}$$

在此系统中，我们选择初始时间 $t_0 = 0$，$\omega_0 = \omega_0(t_0)$。

同式（3-3），考虑到 D 的结构，设控制器 $R(u_{\mathrm{d}}) = \dfrac{B}{cm}u_{\mathrm{d}}(t)$，$B$ 为常数。得到 $RD(\omega) =$

$$R(D) = R[cm\omega(t)] = \frac{B}{cm}cm\omega(t) = B\omega(t)$$

$$SN = S(N) = (1 - B)\omega(t) \tag{3-60}$$

由于 $N(\omega) = \mathrm{e}^{-At}\int \mathrm{e}^{At}\omega(\tau)d\tau$，所以，

$$S(y) = (1 - B)\left[Ay(t) + \frac{dy(t)}{dt}\right] \tag{3-61}$$

补偿器：

$$T(y_{\mathrm{SVM}}) = (1 - B)cmy_{\mathrm{SVM}}(t) \tag{3-62}$$

对此系统设计了跟踪器 M，使输出信号 y 跟踪上相关输入 r，如图 3-22 所示[7]。依据 Bezout 等式（3-53），图 3-23 给出了图 3-22 的等效结构，参考文献 [13~15] 中的结果，跟踪器 M 设计成以下形式：

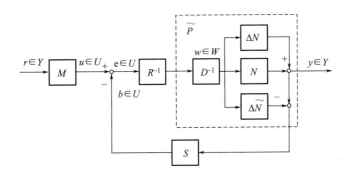

图 3-22　鲁棒跟踪控制系统

$$M(r)(t) = (N + \Delta N)^{-1}(r)(t) \qquad (3-63)$$

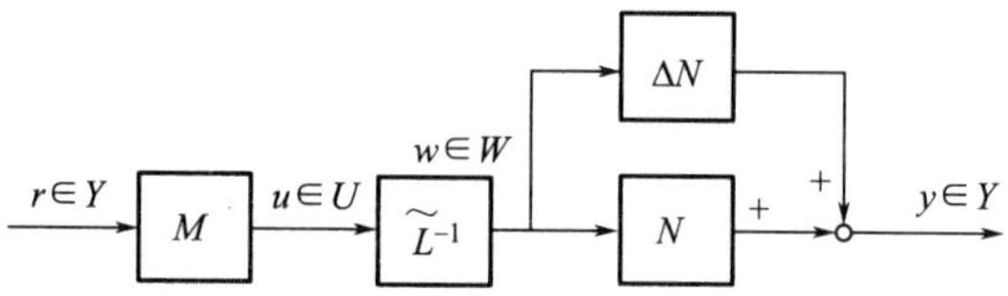

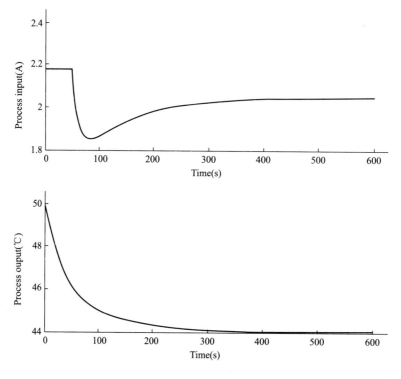

图 3-23　图 3-22 的等效结构

3.4.4　仿真与结果分析

为了说明辐射对铝板热过程的影响，我们做了一组仿真实验进行对比。由于辐射相比于传导和对流对对象热过程的影响要小很多，所以在做仿真时，我们选择了较大的初始温度，这样便于更清楚地看清楚仿真结果。在这组仿真中，对同一个铝板对象模型进行建模和制冷控制，在仿真时也取相同的参数，不同的是有一个模型只考虑了传导和对流的影响，而另一模型考虑了传导、对流和辐射对模型热过程的影响。图 3-24 显示的是没有考虑辐射的仿真结果，而考虑了辐射的仿真结果显示在图 3-25 中。其中，仿真用到的参数列于表 3-5 中。同前面所述，为了观看结果的方便，在仿真时，把华氏温度都转化成了摄氏温度，所以在仿真结果图里，所有温度的单位都是摄氏度（℃）。由于辐射相比于传导和对流对铝板热量平衡的影响要小很多，所以本章在做仿真实验时，设置了比较大的初始温度，此仿真实验的初始温度设置为 50℃。

图 3-24　没有考虑辐射对模型影响的仿真结果

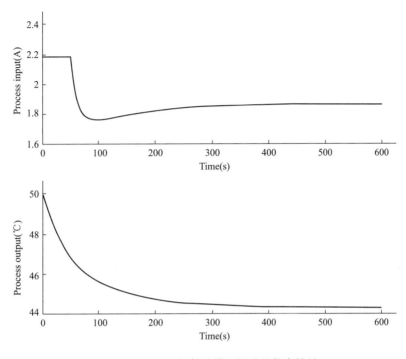

图 3-25　考虑了辐射对模型影响的仿真结果

表 3-5　仿真参数

参考输入	$r=6$（℃）
参数	$B=0.99$
电流	$i=2.2$ 或 0.0（A）
初始温度	$T_0 = 50$（℃）
仿真时间	600（s）
采样时间	100（ms）

　　在仿真中，设置参考输入 $r=6$℃，表示系统最后的输出温度要比初始温度低 6℃。从图 3-24 我们可以看出系统的输出温度从 50℃降低到了 44℃，而且最后稳定在 44℃。但在图 3-25 中，系统的输出温度最后稳定在大概 44.3℃的位置，而没有达到我们预期的温度，所以从这组仿真实验可以看出，辐射对模型的热过程有影响。

　　接下来，调节控制器参数使图 3-25 中系统的输出温度最后稳定在 44℃，仿真结果如图 3-26 所示。

　　从图 3-26 可以看出，系统的输出温度最后稳定在 44℃，说明控制器参数的调节能达到我们的要求，是有效的。在这基础上，我们对模型辐射部分建立的 M_{SVM} 模型进行仿真分析，我们知道，辐射部分的模型 M_{SVM} 可以用 SVM 的方法来建立。首先从图 3-26 的实验中，提取辐射部分的数据，通过训练得到 M_{SVM} 模型，图 3-27 给出了提取数据和通过 M_{SVM} 模型后的输出数据。

　　在图 3-27 中，黑色的曲线代表的是提取到的数据，而虚线的曲线则代表的是通过 M_{SVM}

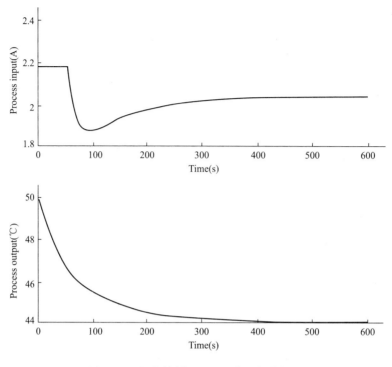

图 3-26 调节控制器后，系统的仿真结果

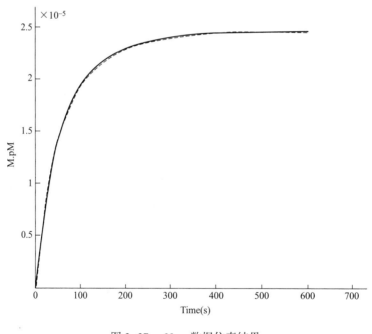

图 3-27 M_{SVM} 数据仿真结果

模型后的输出数据。从两组曲线的比较可以看出，通过 M_{SVM} 模型后的输出数据即虚线的曲线，能很好的表示提取出的数据即黑色的曲线。所以用 SVM 的方法来预测辐射部分的热量的

M_{SVM} 模型是可以用来代替辐射部分热量的。

最后在调节好控制器和 M_{SVM} 模型建立好之后，再对模型做仿真实验，在这个仿真实验里，把辐射部分用 M_{SVM} 模型来代替，结果如图 3-28 所示。

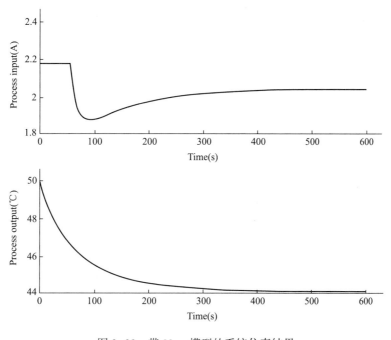

图 3-28 带 M_{SVM} 模型的系统仿真结果

与图 3-27 相比，图 3-28 的仿真结果与我们预期的也是一样的，同样说明 M_{SVM} 的设计是有效和合理的。

实验结果表明，在温差比较大的时候，热辐射对系统热过程是有影响的，用 M_{SVM} 模型来预测热辐射部分的热量是准确的，控制系统仿真结果也说明提出的带热辐射补偿的控制方法是有效性。

参考文献

［1］李爱博. 单级半导体制冷器制冷特性分析及研究 ［D］. 武汉：华中科技大学，2011.

［2］唐春晖. 半导体制冷—21 世纪的绿色"冷源"［J］. 趋势与展望，2005：34-37.

［3］皮茨，西索姆著. 传热学 ［M］. 葛新石，等译. 2 版. 北京：科学出版社，2002.

［4］S. Wen, M. Deng. Operator-based robust nonlinear control and fault detaction for a peltier actuated thermal process, Mathematical and Competer Modelling, 57 (1-2), pp. 16-29, 2013.

［5］D. Wang, L. Zhang, G. Zhang, K. Yang. Cooling control of aluminum plate with a peltier device thermal process by using a robust right coprime factorization approach, The 10th World Congress on Intellligent Control and Automation, pp. 1115-1119, 2012.

［6］M. Deng, A. Inoue, K. Ishikawa. Operator-based nonlinear feedback control design using robust right coprime factorization, IEEE Transactions on Automatic Control, vol. 51, no. 4, pp. 645-648, 2006.

［7］ M. Deng，A. Inoue，Soitiro Goto. Operator based thermal control of an aluminum plate with a peltier device，International Journal of Innovative Computing，Information and Control，vol. 4，no. 12，pp. 3219-3229，2008.

［8］ Vapnik V N. Statistical Learning Theory，New York：John Wiley，1998.

［9］ Vapnik V N. The Nature of Statistical Learning Theory，N Y：SpringerO Verlag，1995.

［10］ 李超峰，卢建刚，孙优贤. 基于 SVM 逆系统的非线性系统广义预测控制 ［J］. 计算机工程与应用，42（2）：223-226，2011.

［11］ 杨紫薇，王儒敬，檀敬东，等. 基于几何判据的 SVM 参数快速选择方法 ［J］. 计算机工程，2010：206-209.

［12］ 邓乃扬，田英杰. 支持向量机：理论、算法与拓展 ［M］. 北京：科学出版社，2012.

［13］ R. J. P. de Figueiredo，G. Chen. An operator theory approach，Nonlinear feedback control systems，New York：Academic Press，INC. ，1993.

［14］ G. Chen，Z. Han. Robust right coprime factorization and robust stabilization of nonlinrar feedback control systems，IEEE Transactions on Automatic Control，vol. 43，no. 10，pp. 1505-1510，1998.

［15］ M. Deng，A. Inoue，A. Yanou. Stable robust feedback control system design for unstable plants with input constaints using robust right coprime factorization，International Journal of Robust and Nonlinear Control，vol. 17，no. 18，pp. 1716-1773，2007.

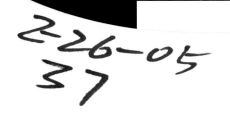

章　基于算子理论的优化跟踪控制

优的性能指标不仅要求有良好的鲁棒稳定性，也要有很好的跟踪性能。在保证系定性的前提下，需要考虑如何设计珀尔贴制冷系统的跟踪控制器。本章主要讨论换的优化跟踪控制和基于 Lipschitz 范数的优化跟踪控制。

4.1　粒子群优化理论基础

粒子群优化算法（Particle Swarm Optimizer, PSO）作为一种智能优化算法中的先进的优化算法，它能优化控制参数使控制器达到最佳的控制性能[1]。粒子群优化算法是模拟鸟类的捕食行为的一种优化算法，是由 Eberhart 博士和 Kennedy 博士发明的基于群体智能的全局优化算法[2,3]。PSO 的研究一直以来比较热门，而且它相对简单容易调整和实现[4]。所以本文拟将 PSO 与基于算子理论的鲁棒右互质分解的方法相结合，实现非线性系统的优化跟踪控制。

4.1.1　粒子群优化计算概述

粒子群优化算法最初是由 Kennedy 和 Eberhart 于 1995 年受人工生命研究结果启发，在模拟鸟群觅食过程中的迁徙和群集行为时提出的一种基于群体智能的进化计算技术。鸟群中的每只鸟在初始状态下是处于随机位置向各个随机方向飞行的，但是随着时间的推移，这些初始处于随机状态的鸟通过自组织逐步聚集成一个个小的群落，并且以相同速度朝着相同方向飞行，然后几个小的群落又聚集成大的群落，大的群落可能又分散为一个个小的群落。这些行为和现实中的鸟类飞行的特性是一致的。可以看出鸟群的同步飞行这个整体的行为只是建立在每只鸟对周围的局部感知上面，而且并不存在一个集中的控制者。也就是说整个群体组织起来但却没有一个组织者，群体之间相互协调却没有一个协调者。Kennedy 和 Eberhart 从诸如鸟类这样的群居性动物的觅食行为中得到启示，发现鸟类在觅食等搜寻活动中，通过群体成员之间分享关于食物位置的信息，可以大大的加快找到食物的速度，也即是通过合作可以加快发现目标的速度，通常群体搜寻所获得利益要大于群体成员之间争夺资源而产生的损失。这些简单的经验事实如果加以提炼，可以用如下规则来说明：当整个群体在搜寻某个目标时，对于其中的某个个体，它往往是参照群体中目前处于最优位置的个体和自身曾经达到的最优位置来调整下一步的搜寻。Kennedy 和 Eberhart 把这个模拟群体相互作用的模型经过修改并设计成了一种解决优化问题的通用方法，称之为粒子群优化算法[2,3]。

PSO 算法不像遗传算法那样对个体进行选择、交叉和变异操作，而是将群体中的每个个体视为多维搜索空间中一个没有质量和体积的粒子（点），这些粒子在搜索空间中以一定的速度飞行，并根据粒子本身的飞行经验以及同伴的飞行经验对自己的飞行速度进行动态调整，即每个粒子通过统计迭代过程中自身的最优值和群体的最优值来不断地修正自己的前进方向和速度大小，从而形成群体寻优的正反馈机制。PSO 算法就是这样依据每个粒子对环境的适应度将个体逐步移到较优的区域，并最终搜索、寻找到问题的最优解。粒子群优化研究人员对粒子群体组织和协作模式以及算法参数等进行了研究，提出了如模糊 PSO、带选择的 PSO、具有高斯变异的 PSO、具有繁殖和子种群的混合 PSO、簇分析 PSO、协同 PSO 以及多阶段 PSO 等。

虽然这些算法基于对不同物理系统的模拟，然而它们有相通的共性，如，在这些方法中，没有一个作为核心的个体，每个个体只拥有简单的智能，通过大量这样个体的信息交互（Interaction），群体表现强大的智能。在优化领域，这些方法已经被成功的应用于常规算法难以求解的非凸、非线性，离散优化问题，积累了丰富的实际经验和理论成果。

PSO 自 1995 年提出以来，由于其简单和明确的实际背景，以及前述的诸多优点，使得很多研究者加入到对这种算法的研究中，目前粒子群优化算法的理论研究与应用研究都取得了很大的进展，算法的应用也已经在不同学科中得以实现。这些研究主要集中在如下几个方面：

（1）粒子群优化算法的理论分析。

具体来说，这个问题的研究分为三个方面：一是单个粒子的运动轨迹，现有的研究发现，单个粒子不断地在各种正弦波上"跳跃"，即其轨迹是各种正弦波的随机的叠加组合，这里所用的主要工具是微分方程和差分方程；二是收敛性问题，关于粒子群算法的收敛性研究比较多的集中在一些简化条件下的结果，采用的主要工具是动态系统理论。其他还有采用集合论的方法来研究此问题，得出的结论是：在没有任何改进的情况下，原始的粒子群优化算法既不能收敛到全局极值点，也不能收敛到局部极值点，但是这种证明是非构造性证明，对于理解算法的工作原理没有太大帮助；三是整个粒子系统随时间的演化和分布，这方面的研究目前还少有人涉及。

（2）粒子群优化算法的改进。

这方面的内容非常庞杂，从改进的策略来说，可以分为如下几种类型，一是从算法本身的改进，例如对算法迭代式的改进，或对算法参数的优化。二是和进化计算的结合，例如采用杂交的算子来优选粒子。三是拓扑结构的研究，通过数值实验来寻找最合适的邻域结构，或者随着计算的进行，动态的改变邻域结构。四是基于函数变换的方法，在算法运行的过程中，不断地改变被优化函数的形状。以上这些方法，从根本上说，主要是为了克服粒子群优化算法在优化多峰复杂函数时，会出现早熟，粒子的多样性减低，以至于不能收敛到全局极值点的现象。

（3）粒子群优化算法的应用。

粒子群优化算法的应用已经扩展到很多领域，从最初的复杂多峰非线性函数的优化、多目标优化等传统问题，到电力系统的分析，动态系统的跟踪与优化、神经网络的权值训练并将其用于复杂系统的建模，非线性系统的优化控制问题等。算法研究的目的是应用，如何将粒子群算法应用于更多领域，同时研究应用中存在的问题也非常值得关注。

对应于不同实际问题，构造算法主要依赖经验和大量实验。为了更好地使用这些算法求解相关实际问题，有必要研究使用粒子群优化算法求解问题的统一框架。然后，在这个统一的框架下，研究各种具体算法。依据行为主义人工智能框架的一般描述，同时比较几种智能算法的个案，如粒子群算法、蚁群算法以及遗传算法等，可以看到：几种不同的物理背景和优化机制，但是从优化流程上看，却具有很大的一致性：在"生成+检测"的框架，通过"邻域搜索+全局搜索"的策略寻优……为算法空间；接着初始化一组初始解；然后，在算法参数控制下……索从而产生若干待选解；进而按照接受准则（确定性、概率性或混沌方式）……如此反复迭代直到满足某种收敛准则；最后通过空间的反变换，输出原问题的解。算法包含……心包括，算法空间变换和反变换，初始个体的产生准则，邻域搜索策略，全局搜索策略，接受准则以及收敛准则。

根据上述的粒子群优化算法求解问题的统一框架，可得到粒子群优化算法的设计步骤如下：

（1）确定问题的表示方案（编码方案或者称为粒子表示方法）。与其他的进化算法相同，粒子群算法在求解问题时，其关键步骤是将问题的解从解空间映射到具有某种结构的表示空间，即用特定的码串表示问题的解。根据问题的特征选择适当的编码方法，将会对算法的性能以及求解结果产生直接的影响。粒子群算法的大部分研究均集中在数值优化领域中，其位置-速度计算模型使用于具有连续特征的问题函数，因此，目前算法大多采用实数向量的编码方式，以粒子的位置向量来表示问题的解。比如，对于生产调度这类属于离散空间的非数值优化问题，如何用粒子群算法的粒子表示方法来映射调度问题的解空间，是求解问题的最关键环节。

（2）确定优化问题的适应度函数。在求解过程中，借助于适应值来评价解的质量。因此，在求解问题时，必须根据问题的具体特征，选取适当的目标函数来计算适应值，适应值是唯一能够反映并引导优化过程不断进行的参量。

（3）选择控制参数。粒子群算法的控制参数通常包括粒子种群数量、算法执行的最大代数、惯性权重系数、学习因子系数及其他一些辅助控制参数，如粒子位置和速度的控制范围等。针对不同的算法模型，选择适当的控制参数，直接影响算法的优化性能。

（4）选择粒子群优化模型。目前，粒子群算法已经发展了多种位置—速度计算模型，如惯性权重 PSO 模型、收敛因子 PSO 模型、采用拉伸技术的 PSO 模型、二进制 PSO 模型等，在求解不同类型优化问题时，不同 PSO 模型的优化性能也有差异。由于惯性权重线性递减 PSO 模型能够有效地在全局搜索和局部搜索之间进行平衡，因此，目前这一 PSO 模型得到的较多的应用。

（5）确定算法的终止准则。与其他进化算法一样，PSO 算法中最常用的终止准则是预先设定一个最大的迭代次数，或者当搜索过程中解的适应值在连续多少代后不再发生明显改变时，终止算法。

PSO 算法和其他进化算法类似，也采用"群体"和"进化"的概念，通过个体间的协作与竞争，实现复杂空间中最优解的搜索。PSO 先生成初始种群，即在可行解空间中随机初始化一群粒子，每个粒子都为优化问题的一个可行解，并由目标函数为之确定一个适应值（fitness value）。PSO 不像其他进化算法那样对于个体使用进化算子，而是将每个个体看作是在 n 维搜索空间中的一个没有体积和重量的粒子，每个粒子将在解空间中运动，并由一个速度决定其方向和距离。通常粒子将追随当前的最优粒子而动，并经逐代搜索最后得到最优解。在每一代中，粒子将跟踪两个极值，一为粒子本身迄今找到的最优解 pbest，另一为全种群迄今找到的最优解 gbest。每个粒子具有两个特征，它们分别是位置和速度。我们假设需要优化的问题为：

$$\min f(X) \qquad (X \in \Omega) \tag{4-1}$$

其中，$f(x)$ 是从 d 维空间到一维空间的连续函数，$X = (x_1, x_2 \cdots x_d)(x_i \in [x_i^{(min)}, x_i^{(max)}])$，$[x_i^{(min)}, x_i^{(max)}]$ 为各分量在 d 维解空间中 Ω 的取值范围，X 是对应该算法中粒子的位置。PSO 的核心思想是：粒子的速度和位置是通过跟踪粒子当前局部最优和全局最优解来进行更新的，达到终止条件所得到的最优解即是问题的最优解。

粒子的更新公式为：

$$V(k+1) = w \times V(k) + c_1 \times rand_1() \times (X_{pbest} - X(k)) + c_2 \times rand_2() \times (X_{gbest} - X(k)) \tag{4-2}$$

$$X(k+1) = X(k) + V(k+1) \tag{4-3}$$

其中，$X(k)$ 是粒子的当前位置，$V(k)$ 是粒子的当前速度，X_{pbest} 为当前粒子的局部最优点，X_{gbest} 为当前粒子群的全局最优点，$rand_1()$ 和 $rand_2()$ 是在 $0 \sim 1$ 之间的随机数，c_1 和 c_2 为学习因子，w 是加权系数。

PSO 中的控制参数（如惯性权重、学习因子等）决定了该算法的优化性能，这些相关的参数选取的规则如下[5]：

粒子数目：粒子数目的多少需要根据问题的复杂程度决定。通常情况下粒子取 20 ~ 40 个便能解决一般的优化问题，10 个粒子可以解决更简单的优化问题，如果是复杂的优化问题，就需要更多的粒子（100 以上）。

粒子的维度：粒子的维度就是问题解的维度，由优化的问题决定，也就是参数优化中需要优化的参数个数。

粒子的范围：粒子在每一维可以设定不同的取值范围，这是由优化问题决定。

最大速度 V_{max}：一般最大速度设置为粒子的范围宽度，它决定了在一个循环中粒子的最大的移动距离。

学习因子：粒子的学习能力是有学习因子决定了，它表征了粒子自我总结的能力以及向其他优秀个体学习的能力，它的取值范围为 0 ~ 4，通常我们取 $c_1 = c_2 = 2$，当然也可以取不同的值，如同步或异步变化的学习因子。

惯性权重：也称为加权系数，它使粒子具有探索开发的能力，取值范围是 0~1，也有很多其他的方法，如自适应法、常数法等。

粒子群算法流程如下：

（1）设置相关参数，如粒子的寻优空间、粒子的维度以及种群规模等。

（2）初始化粒子的位置和速度。

（3）将粒子个体的当前位置设置为该粒子的最优位置，粒子中最佳的位置设置为全局最优位置。

（4）根据式（4-2）、式（4-3）更新粒子的位置与速度。

（5）根据粒子的适应度更新粒子的个体最优位置和全局最优位置，同时更新粒子的适应度。

（6）判断算法是否结束。若结束返回当前全局最优位置，算法结束；否则，返回步骤（4）。

粒子群算法与其他进化算法，如遗传算法、进化策略、进化规划等具有很多共同之处：

（1）粒子群算法和其他进化算法相同，都使用"种群"概念，用于表示一组解空间中的个体集合。两者都随机初始化种群，而且都使用适应值来评价系统，而且都根据适应值来进行一定的随机搜索。两个系统都不是保证一定找到最优解。

（2）如果将粒子所持有的最好位置也看作种群的组成部分，则粒子群的每一步迭代都可以看作是一种弱化的选择机制。在进化策略算法中，子代与父代竞争，若子代具有更好的适应值，则子代将替换父代，而 PSO 算法的进化方程式也具有与次类似的机制，其唯一的差别在于，粒子群算法只有当粒子的当前位置与所经历的最好位置相比具有更好的适应值时，其粒子所经历的最好位置才会唯一地被该粒子当前的位置所替代。可见，PSO 算法中也隐藏着一定形式的"选择"机制。

（3）在遗传算法中存在着交叉（crossover）和变异（mutation）操作，粒子群算法中虽然在表面上不具备这样的操作，但在本质上却有相通之处。粒子群算法的速度更新公式（4-2）与实数编码的遗传算法的算术交叉算子很类似。通常，算术交叉算子由两个父代个体的线性组合产生两个子代个体，而在 PSO 算法的速度更新公式（4-2）中，如果不考虑第一项，也就是带惯性权重的速度项，就可以将公式理解成由两个父代个体产生一个子代个体的算术交叉运算。从另一个角度上看，同样不考虑第一项，速度更新方程也可以看作是一个变异算子，其变异的强度大小取决于个体最好位置和全局最好位置之间的距离，可以把个体最好位置和全局最好位置看作父代，变异就可以看作是由两个父代到子代的变异。至于前面略去的惯性速度项，也可以理解为一种变异的形式，其变异的大小与速度相乘的惯性因子相关，惯性因子越接近 1，则变异强度越小；越远离 1，则变异强度越大。

粒子群算法与其他进化算法的区别在于：

（1）通常在进化算法的分析中，人们习惯将每一步迭代计算理解为用新个体（即子代）替换旧个体（即父代）的过程，而粒子群算法的进化迭代过程则是一个自适应过程，粒子的位置不是被新的粒子所代替，而是根据粒子的速度进行自适应变化。因此，粒子群算法与其他进化算法的一个不同点在于：粒子群算法在进化过程中同时保留和利用位置和速度的信息，而其他进化算法仅仅保留和利用位置的信息。

（2）如果将粒子群算法中的位置计算公式（4-3）看作为一个变异算子，那么粒子群算法就与进化规划很相似，而不同之处在于，在每一代，粒子群算法中的每个粒子只朝着一些根据群体的经验认为是好的方向飞行，而进化规划是通过一个随机函数变异到任何方向。也就是说，粒子群算法在优化计算过程中执行着一种有"意识"的变异。

（3）粒子群算法与其他进化算法的最显著区别在于，粒子群算法将粒子的位置和速度模型化，从而给出了一组显式的进化计算方程。

（4）在收敛性方面，GA 已经有了较成熟的收敛性分析方法，并且可对收敛速度进行估计；而 PSO 这方面的研究还比较薄弱。尽管已经有简化确定性版本的收敛性分析，但将确定性向随机性的转化尚需进一步研究。

（5）在应用方面，PSO 算法主要应用于连续问题，包括神经网络训练和函数优化等，而 GA 除了连续问题之外，还可应用于离散问题，比如 TSP 问题、货郎担问题、工作车间调度等。

从以上分析中看，基本 PSO 算法与其他进化算法有相似之处，但同时也具备其他算法不具备的特性，特别的是，PSO 算法同时将粒子的位置与速度模型化，并给出了它们的进化方程。

4.1.2 具有约束条件的粒子群优化计算

PSO 对于无约束的优化问题能很好的解决，然而在实际应用中，我们发现大部分的优化问题都存在约束条件。随着粒子群的广泛应用，对于具有约束条件的粒子群的优化问题也受到了越来越多的研究人员的关注。一般的约束条件有等式约束条件、不等式约束条件和混合约束条件，具有它们可以用下面的数学模型来表示：

$$\min f(x), s.t. \begin{cases} h_i(x) = 0, i = 1,2,3\cdots m \\ g_j(x) \geqslant 0, j = 1,2,3\cdots n \end{cases} \tag{4-4}$$

式中：$f(x)$ 表示目标函数，$h_i(x)$ 表示等式约束条件，$g_j(x)$ 表示不等式约束条件。对于具有约束条件的优化问题，常用的方法有罚函数法、$Rosen$ 梯度投影法、坐标轮换法等，其中罚函数法能够很好的处理一般的约束优化问题，等式和不等式约束可以很好的解决，其基本思想是将约束问题转化为无约束问题的求解，将原目标函数和约束条件函数一起组合得到的函数即是罚函数。一般罚函数的构造如下：

（1）对于等式约束罚函数构造。

优化问题：
$$\begin{cases} \min f(x) \\ h_i(x) = 0, i = 1,2,3,\cdots,m \end{cases} \tag{4-5}$$

罚函数可以为：

$$F(x) = f(x) + C\sum_{i=1}^{m} h_i^2(x) \tag{4-6}$$

（2）对于不等式约束罚函数构造。

优化问题：
$$\begin{cases} \min f(x) \\ g_j(x) \geqslant 0, j = 1,2,3,\cdots,n \end{cases} \tag{4-7}$$

罚函数可以为：

$$F(x) = f(x) + C\sum_{j=1}^{n} \frac{1}{g_j(x)} \tag{4-8}$$

（3）对于既有等式又有不等式约束的罚函数，可以由上面两中方法相结合得到即

优化问题：
$$\begin{cases} \min f(x) \\ h_i(x) = 0, i = 1,2,3,\cdots,m \\ g_j(x) \geqslant 0, j = 1,2,3,\cdots,n \end{cases} \tag{4-9}$$

罚函数可以为：

$$F(x) = f(x) + C_1 \sum_{i=1}^{m} h_i^2(x) + C_2 \sum_{j=1}^{n} \frac{1}{g_j(x)} \qquad (4-10)$$

罚函数的构造方法有很多，但是其基本的思路都是一样的，就是使罚函数和原来的目标函数在可行点处的值一致，否则，罚函数的值等于一个很大的数值。罚函数法包括内点、外点、混合罚函数法和乘子法，它们的思想都是一样的，主要不同之处是向约束边界靠拢的方向不一样。由于罚函数法能很好地将约束问题转化成无约束的问题，所以可以将罚函数法与粒子群优化方法相结合一起解决约束优化问题。

由于标准的粒子群优化方法具有容易陷入局部最优的缺点，所以出现了大量改进的粒子群优化方法，如退火粒子群优化[5]、带审敛因子的变邻域粒子群算法[6]、自适应粒子群优化[7] 等方法，但这些方法使得粒子群优化方法变得复杂化，为此文章采用基于线性递减权重法的粒子群优化方法[8]。惯性权重的大小决定了粒子的搜索能力，大的惯性权重有利于跳出局部极小点，小的有利于算法的收敛和对当前搜索区域进行精确搜索。所以对于粒子群优化算法易陷入局部最优的缺点，以及该算法后期在全局最优解附近易产生震荡现象的问题，这种方法可以很好地解决。如下所示惯性权重的变化公式为：

$$w = w_{max} - \frac{n(w_{max} - w_{min})}{N_{max}} \qquad (4-11)$$

其中，w_{max}、w_{min} 分别是惯性权重 w 的最大和最小值，通常 $w_{max} = 0.9$，$w_{min} = 0.4$；n 是当前的迭代步数；N_{max} 是最大迭代步数。该算法的基本步骤与标准粒子群优化方法的步骤相比，只是在跟新粒子的更新速度和位移之后，更新一下惯性权重，其他的步骤都是一样的，所以此处不再赘述。

采用基于罚函数的改进的粒子群优化方法，可以很好的解决具有约束条件的优化问题，具体的流程如下：

（1）根据约束条件，构造罚函数；

（2）设定 PSO 中的粒子数、最大迭代次数、学习因子、粒子的搜索空间、最大和最小权重值等；

（3）初始化粒子的位置和速度；

（4）根据粒子的适应度设置粒子的局部最优和全局最优位置和适应度；

（5）根据式（4-2）、式（4-3）和式（4-11）来更新粒子的速度、位置以及惯性权重；

（6）根据每个粒子的适应度来跟新粒子的个体最优和全局最优位置；

（7）判断算法是否结束。若满足结束条件，返回当前全局最优位置，算法结束；否则，返回步骤（5）。

4.2　基于等效代换的优化跟踪控制

4.2.1　半导体制冷系统的跟踪控制设计

基于图 2-6，含有不确定性的非线性反馈跟踪系统如图 4-1 所示。

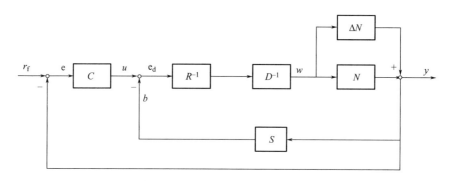

图 4-1 珀尔贴制冷系统的跟踪控制

由图 2-4 到图 2-5 的等效关系，可以把图 4-1 等效成图 4-2，如图 4-2 所示。

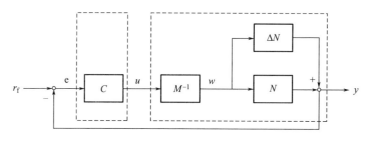

图 4-2 图 4-1 的等效图

图中令 $P_t = NM^{-1}$，$G_t = \Delta NM^{-1}$，则跟踪控制系统可以用图 4-3 表示。

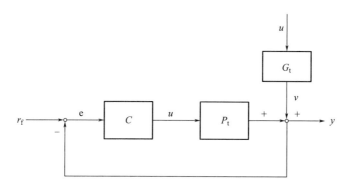

图 4-3 图 4-1 的等效图

在系统中 $e = r_f - y$，$y = P_t C(e) + G_t(u)$，其中，r_f 为参考输入信号，v 是干扰信号，输出信号 y 需要跟踪上参考信号 r_f。优化跟踪问题也就是在整个反馈系统稳定的情况下，设计跟踪补偿控制器 C，使得误差信号的范数尽可能小。设 $M^{-1} = I$，那么补偿算子 C 的算子空间可以表示为：

$$T = \{ C \in \mathrm{Lip}(U_s) : NC \in \mathrm{Lip}(U_s) \} \tag{4-12}$$

式中，$\mathrm{Lip}(U_s)$ 表示非线性 Lipschitz 算子在空间 U_s 对自身的映射。设 T_0 为使整个反馈系统稳

定的补偿算子 C 的一个子集，T_0 可以表示为：

$$T_0 = \{ C \in \mathrm{Lip}(U_s) : \| NC \| < 1 \}$$

那么非线性算子是可逆的，它的逆为：

$$(I + NC)^{-1} \in \mathrm{Lip}(U_s) \tag{4-13}$$

所以，

$$e + NC(e) = r_f - G_t(u) \tag{4-14}$$

系统的误差：

$$e = (I + NC)^{-1}(r_f G_t(u)) \tag{4-15}$$

优化跟踪问题也就是使误差信号最小，为此，我们制定了如下的优化设计方案。即：

$$\min \| (I + NC)^{-1} \|_{\mathrm{Lip}} \tag{4-16}$$

式中，C——$C \in T_0$。

而一般情况下，算子的逆很难得到，为此我们对跟踪控制器 C 进行设计，

$$C := Q(I - NQ)^{-1}, \text{其中 } T_0 = \{ Q \in T : \| NQ \| < 1 \} \tag{4-17}$$

其中

$$(I + NC)^{-1} = I - NQ \tag{4-18}$$

所以前面求算子逆的范数的最小值的优化问题可以转化为简单的求算子的范数的优化问题。也就是求

$$\min \| I - NQ \|_{\mathrm{Lip}} \tag{4-19}$$

式中，$Q \in T_0$，跟踪补偿器如图 4-4 所示。本文设计的 Q 算子是结合文献 [9] 和 [10] 的思想。文献 [9] 中提出了将算子的逆的范数转化为算子的范数的思想，但对补偿算子的设计比较复杂。文献 [10] 中提出非线性反馈控制系统中跟踪补偿算子的设计可以将整个控制系统等效成 PI 控制，所以本书对 Q 的设计采用了文献 [10] 中的思想，设计成一个 PI 的形式，具体如下：

$$Q = a_0 + a_1 \mathrm{e}^{-bt} + a_2 t \mathrm{e}^{-bt} \tag{4-20}$$

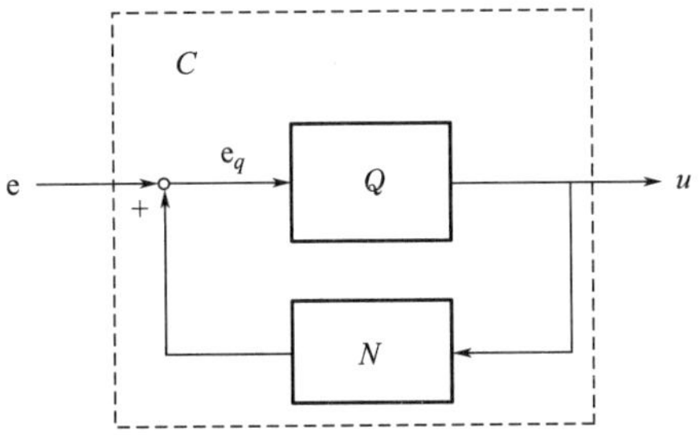

图 4-4　跟踪补偿器的设计

式中，e 是无理数 2.71828…，a_0、a_1、a_2、b 是大于零的实数，它们的值可以由下面的方法得到。

对于珀尔贴制冷系统将已经得到的算子 N 和 Q 代入 $I - NQ$ 得

$$I - NQ = (1 - \mathrm{e}^{-Rt} \int_0^t \mathrm{e}^{R\tau}(a_0 + a_1 \mathrm{e}^{-b\tau} + a_2 t \mathrm{e}^{-b\tau}) d\tau)(\cdot) \tag{4-21}$$

由 Lipschtz 算子的范数的定义可知

$$\| I - NQ \|_{\text{Lip}} = \sup \left| 1 - \frac{a_0}{H} - \left(\frac{a_1}{H-b} - \frac{a_2}{(H-b)^2} + \frac{a_2}{H-b} \cdot t \right) \cdot e^{-bt} \right.$$

$$\left. - \left(\frac{a_2}{(H-b)^2} - \frac{a_1}{H-b} - \frac{a_0}{H} \right) e^{-bt} \right| \qquad (4-22)$$

此时整个跟踪控制器的设计问题到最后转化为求 $\| I - NQ \|_{\text{Lip}}$ 最小情况下，参数 a_0、a_1、a_2、b 的值，此时我们可以用含有约束条件的粒子群优化方法来处理。

4.2.2 基于等效代换的优化跟踪控制

我们已经对珀尔贴系统的跟踪控制器进行了设计，由上面的介绍可以知道，前面的跟踪控制器的设计涉及控制参数的取值，由此我们可以采用具有约束条件的粒子群优化算法进行优化。图 4-5 是非线性反馈系统的粒子群优化跟踪控制图。

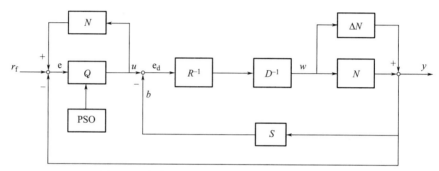

图 4-5　非线性反馈系统的粒子群优化跟踪控制

此时目标函数为：

$$\min \left\{ \sup \left| 1 - \frac{a_0}{H} - \left(\frac{a_1}{H-b} - \frac{a_2}{(H-b)^2} + \frac{a_2}{H-b} \cdot t \right) \cdot e^{-bt} - \left(\frac{a_2}{(H-b)^2} - \frac{a_1}{H-b} - \frac{a_0}{H} \right) e^{-Ht} \right| \right\}$$

$$(4-23)$$

约束条件为：

$$\begin{cases} a_0, a_1, a_2, b > 0 \\ \| NQ \| = \sup \left| \frac{a_0}{H} + \left(\frac{a_1}{H-b} - \frac{a_2}{(H-b)^2} + \frac{a_2}{H-b} \cdot t \right) \cdot e^{-bt} + \left(\frac{a_2}{(H-b)^2} - \frac{a_1}{H-b} - \frac{a_0}{H} \right) e^{-Ht} \right| < 1 \end{cases}$$

我们可以采用上一节中具有约束的粒子群优化算法进行优化，对于第一个约束条件，文章是在粒子群限定粒子的搜索空间为 0.0001 ~ 40，从而可以满足第一个约束条件，对于第二个约束条件，我们利用罚函数法，构造具有罚函数的新的目标函数，那么此时新的目标函数为：

$$\min (\| I - NQ \| + C_1 \| NQ \|) \qquad (4-24)$$

即

$$\min \left| 1 - \frac{a_0}{H} - \left(\frac{a_1}{H-b} - \frac{a_2}{(H-b)^2} + \frac{a_2}{H-b} \cdot t \right) \cdot e^{-bt} - \left(\frac{a_2}{(H-b)^2} - \frac{a_1}{H-b} - \frac{a_0}{H} \right) e^{-Ht} \right|$$

$$+ C_1 \left| \frac{a_0}{H} + \left(\frac{a_1}{H-b} - \frac{a_2}{(H-b)^2} + \frac{a_2}{H-b} \cdot t \right) \cdot e^{-bt} + \left(\frac{a_2}{(H-b)^2} - \frac{a_1}{H-b} - \frac{a_0}{H} \right) e^{-Ht} \right|$$

$$(4-25)$$

式中，C_1 为惩罚因子，其大小为 0.001。

　　a_0 的值可以在分析系统关系中得到，因为当时间趋近于无穷大系统达到稳定，误差信号趋近于零，那么 $a_0 = H = 0.02715$。在粒子群优化算法中，粒子数为 100，空间维数为 3，学习因子 $c_1 = c_2 = 2$，惯性权重 w 是线性递减的，最大值 $w_{max} = 0.9$，最小值 $w_{min} = 0.4$，最大迭代次数为 100，最大速度为 1，搜索范围为 [0.00001，40]。由于 Lipschitz 范数是和时间有关的量，所以为了使目标函数的值最小，我们令每一时刻的函数值都最小，最后可以得到每一时刻对应的参数值和目标函数值，详见下一节仿真结果图。

4.2.3　仿真与实验结果分析

　　针对珀尔贴制冷系统，我们将该方法进行仿真和实验验证。在仿真过程中，我们设置初始温度为 20.3℃，参考输入为 3℃，也就是系统需要下降的温度，所以我们的期望输出是 17.3℃；仿真时间是 600s，采样时间是 0.1s；由于该系统是温度控制，并且考虑到实际系统中采样时间和粒子群运行的时间冲突，我们设定每 5s 对系统中跟踪控制器的参数进行一次优化。仿真结果如图 4-6 为珀尔贴制冷系统的输入输出图；图 4-7 为每一时刻约束条件 $\| NQ \|$ 范数的值，从图中我们可以得到 $\| NQ \|$ 范数满足约束条件；图 4-8 为每一时刻目标函数 $\| I - NQ \|$ Lipschitz 范数的值，从中我们可以得到，目标函数的值在 2s 之后的值都趋近于 0；图 4-9、图 4-10、图 4-11 分别是每一时刻跟踪控制器中参数 a_1、a_2、b 的值；图 4-12 为大约在 400s 加入扰动后，系统的输出结果，从中可以看出系统就有很好的鲁棒稳定性。

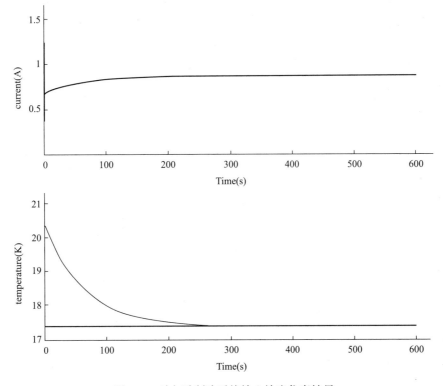

图 4-6　珀尔贴制冷系统输入输出仿真结果

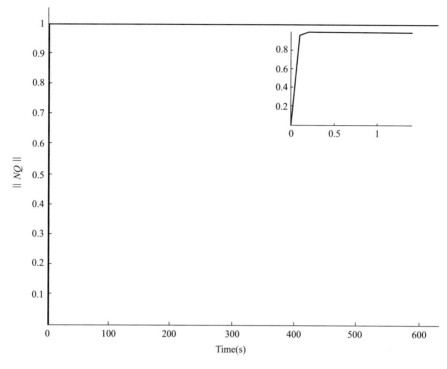

图 4-7   ‖ NQ ‖ 范数值

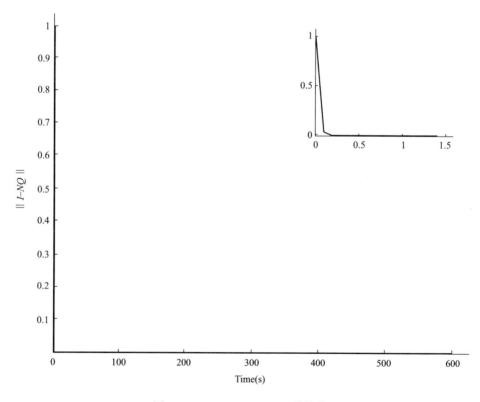

图 4-8   ‖ $I-NQ$ ‖ Lipschitz 范数值

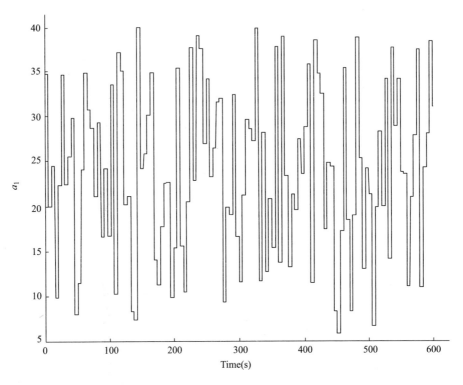

图 4-9 每一时刻跟踪控制器中参数 a_1 的值

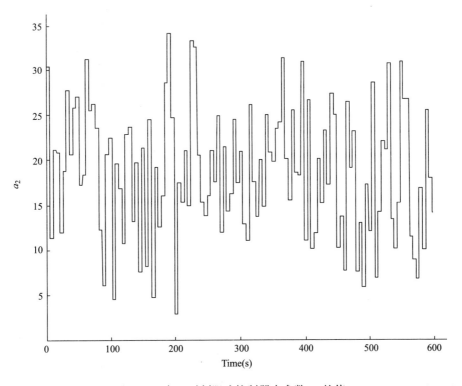

图 4-10 每一时刻跟踪控制器中参数 a_2 的值

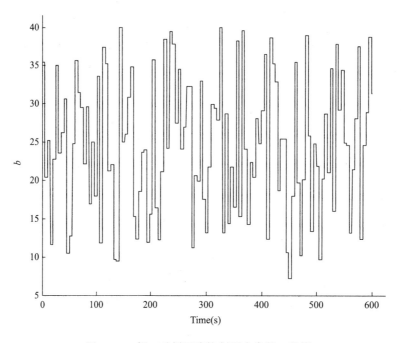

图 4-11 每一时刻跟踪控制器中参数 b 的值

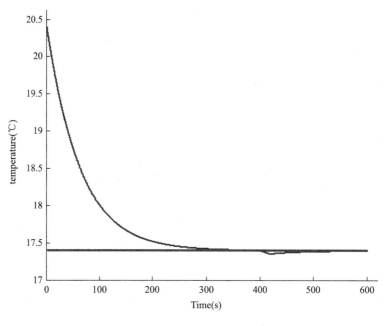

图 4-12 加入扰动后系统的输出

在珀尔贴制冷系统的实验中，由于天气温度的变化不定，所以我们给的参考输入也是和仿真过程一样的值，为系统下降的温度 3℃，我们给出的实验结果为系统的下降温度，也是系统的输出结果，如图 4-13 为珀尔贴制冷系统的实验结果，从中可以看出系统的温度下降了 3℃，并且达到了稳定，也再次验证以上方法的有效性。

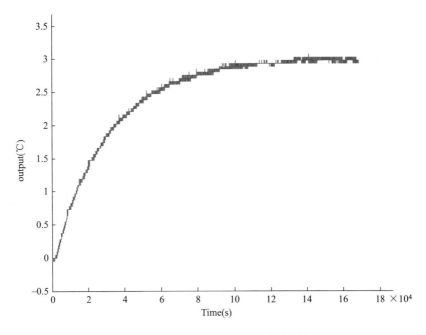

图 4-13　珀尔贴制冷系统的实验输出结果

4.3　基于 Lipschitz 范数的优化跟踪控制

上一节所介绍的跟踪控制器的设计是将跟踪算子进行了代换，是满足一定条件时才成立，所以是一个局部最优的情况。为了解决上一节遗留的问题，我们对跟踪算子的设计进行了下一步研究。

4.3.1　优化跟踪算子的设计

对于非线性反馈跟踪控制算子的设计，我们从上一小节已经知道，最后的问题是设计的跟踪算子 C 满足 $\min \| (I+NC)^{-1} \|_{\mathrm{Lip}}$，由于算子的逆很难得到，但是范数的逆却很容易得到，文章考虑将求算子逆的范数转化成求算子范数的逆的方法设计跟踪算子[10]。首先我们来介绍几个相关的定义和定理[11]。

定义 13：设广义 Lipschitz 算子 $P \in \mathrm{Lip}(U,Y)$，那么我们定义算子 P 的 i 范数

$$\| P \|_i = \| S(x_0) \|_{Y_{\mathrm{B}}} + \inf_{T \in [0, \infty)} \inf_{\substack{x_1, x_2 \in U \\ x_1 \neq x_2}} \frac{\| [P(x_1)]_{\mathrm{T}} - [P(x_2)]_{\mathrm{T}} \|_{Y_{\mathrm{B}}}}{\| [x_1]_{\mathrm{T}} - [x_2]_{\mathrm{T}} \|_{U_{\mathrm{B}}}} \tag{4-26}$$

由算子的半范数和算子的 Lipschitz 范数的定义，我们已经知道，对于算子 $P \in \mathrm{Lip}(U,Y)$，

$$\| P \| = \sup_{T \in [0, \infty)} \sup_{\substack{u_1, u_2 \in D^e, u_1 \neq u_2}} \frac{\| [P(u_1)]_{\mathrm{T}} - [P(u_2)]_{\mathrm{T}} \|_{Y_{\mathrm{B}}}}{\| [u_1]_{\mathrm{T}} - [u_2]_{\mathrm{T}} \|_{U_{\mathrm{B}}}} \tag{4-27}$$

$$\| P \|_{\mathrm{Lip}} = \| P(u_0) \|_{Y_{\mathrm{B}}} + \sup_{T \in [0, \infty)} \sup_{\substack{u_1, u_2 \in D^e, u_1 \neq u_2}} \frac{\| [P(u_1)]_{\mathrm{T}} - [P(u_2)]_{\mathrm{T}} \|_{Y_{\mathrm{B}}}}{\| [u_1]_{\mathrm{T}} - [u_2]_{\mathrm{T}} \|_{U_{\mathrm{B}}}} \tag{4-28}$$

比较可知，算子的 Lipschitz 范数和 i 范数的区别就在一个是求半范数的上确界，一个是求其下确界。

定义 14：如果算子 $P \in \mathrm{Lip}(U, Y)$，并且 $\|P\|_i > 0$，$H(S) = Y$，那么我们就说算子 P 是可逆的。

定理 1：设 $S \in \mathrm{Lip}(U, Y)$，那么我们可以得到如下两个等效的条件：

（1）算子 S 是可逆的；

（2）存在一个算子 $R \in \mathrm{Lip}(Y, U)$，使 $SR = I_Y$，$RS = I_U$。

证明：（1）→（2）。假设算子 S 是可逆的，令 $R = S^{-1}$，那么对于任意 y_1，$y_2 \in Y$，有

$$\|S\|_i \|R(y_1) - R(y_2)\| \leq \|SR(y_1) - SR(y_2)\| = \|y_1 - y_2\|$$

所以 $R \in \mathrm{Lip}(Y, U)$，并且 $\|R\| \leq \|S\|_i^{-1}$。

（2）→（1）。如果条件（2）满足，假设对任意 x_1，$x_2 \in U$，有

$$\|x_1 - x_2\| = \|RS(x_1) - RS(x_2)\| \leq \|R\| \|S(x_1) - S(x_2)\|$$

所以当 $x_1 \neq x_2$ 时，有

$$0 < \|R\|^{-1} \leq \|S(x_1) - S(x_2)\| \cdot \|x_1 - x_2\|^{-1}$$

因此，$\|R\|^{-1} \leq \|S\|_i$，$\|R\| \geq \|S\|_i^{-1}$。

由定义 14 可知，算子 S 是可逆的。

证明结束。

由上面的证明我们可知：

（1）→（2）可以得到 $\|R\| \leq \|S\|_i^{-1}$，

（2）→（1）可以得到 $\|R\| \geq \|S\|_i^{-1}$，

所以 $\|B\| = \|A\|_i^{-1}$。由此我们可以得到下面的推论 1。

推论 1：如果 $S \in \mathrm{Lip}(U, Y)$，是可逆的，那么 $S^{-1} \in \mathrm{Lip}(Y, U)$，并且 $\|S^{-1}\| = \|S\|_i^{-1}$，$\|S^{-1}\|_i = \|S\|^{-1}$。

对于非线性系统中的跟踪算子 C 和右分解的算子 N 都是稳定可逆的算子，那么算子（$I + NC$）也是稳定可逆的算子。由上面的推论 1 我们可以以此推出：

$$\|(I + NC)^{-1}\| = \|I + NC\|_i^{-1} \tag{4-29}$$

所以上一章我们的优化跟踪问题求 $\min \|(I + NC)^{-1}\|_{\mathrm{Lip}}$ 可变成求 $\min \|I + NC\|_i^{-1}$，其中：

$$\|NC\| < 1 \tag{4-30}$$

而且原来优化问题的约束条件也没有改变，所以该方法不仅可以避免求算子的逆，也解决了之前算法中局部最优的问题。

对于跟踪算子 C 的设计我们由泰勒级数的思想可以设计为：

$$C(\cdot) = C_0(t) + C_1(t)(\cdot) + C_2(t)(\cdot)^2 + \cdots + C_n(t)(\cdot)^n \tag{4-31}$$

由约束条件 $\|NC\| < 1$ 可设计相应的算子 C_0，C_1，$C_2 \cdots$，C_n，珀尔贴制冷系统，本文设计的跟踪算子 C 为：

$$C(\cdot) = C_0 + C_1 \mathrm{e}^{-bt}(\cdot)，\quad 其中 C_0，C_1，b > 0 \tag{4-32}$$

$$(I + NC)(\cdot) = (\cdot) + \mathrm{e}^{-Rt} \int_0^t \mathrm{e}^{R\tau} (C_0 + C_1 \mathrm{e}^{-b\tau}(\cdot)) d\tau \tag{4-33}$$

由此可以得到：

$$\| NC \| = \sup \| \frac{C_1}{R - b}(\mathrm{e}^{-bt} + \mathrm{e}^{-Rt}) \| \tag{4-34}$$

$$\| I + NC \|_i = \inf \| 1 + \frac{C_1}{R - b}(\mathrm{e}^{-bt} - \mathrm{e}^{-Rt}) \| \tag{4-35}$$

从中我们可以看出参数 C_0 的值不在目标函数和约束条件中，对于 C_0 的求法和上一章中 a_0 的求法一样，在时间趋近于无穷大时，系统达到稳定，误差信号趋近于 0，从而我们可以得到参数 C_0 的值为 $H \cdot r_0$，对于参数 C_1，b 可以用上一节具有约束条件的粒子群优化方法来得到，如图 4-14 所示非线性反馈控制系统的粒子群优化跟踪控制图[12]。

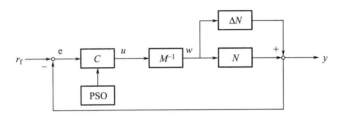

图 4-14　非线性反馈控制系统的粒子群优化跟踪控制

此时的目标函数是：

$$\min \| I + NC \|_i^{-1} \tag{4-36}$$

约束条件是：

$$\begin{cases} \| NC \| < 1 \\ C_1, \ b > 0 \end{cases} \tag{4-37}$$

因为算子的范数是一个数值，那么范数的逆也就是该数值的倒数，所以上面的目标函数和约束条件可以转变成如下的形式：

目标函数：

$$\min \{ 1/ \| I + NC \|_i \} \tag{4-38}$$

约束条件：

$$\begin{cases} \| \dfrac{C_1}{H - b}(\mathrm{e}^{-bt} + \mathrm{e}^{-Ht}) \| < 1 \\ C_1, \ b > 0 \end{cases} \tag{4-39}$$

此时我们可以用上一小节中同样的参数优化方法，利用罚函数法将第一个约束条件加入到目标函数中，那么第二个约束条件在粒子群优化算法中的搜索空间中进行限定，那么此时的优化问题就转变成求：

$$\min(1/ \| I + NC \|_i + C_2 \| NC \|) \tag{4-40}$$

即

$$\min\left[1/ \| 1 + \frac{C_1}{H - b}(\mathrm{e}^{-bt} - \mathrm{e}^{-Ht}) \| + C_2 \| \frac{C_1}{H - b}(\mathrm{e}^{-bt} - \mathrm{e}^{-Ht}) \| \right] \tag{4-41}$$

其中 C_2 为惩罚系数，其值为 0.26[11]。在粒子群优化算法中，粒子数为 100，空间维数为 2，学习因子 $c_1 = c_2 = 2$，惯性权重 w 是线性递减的，最大值 $w_{max} = 0.9$，最小值 $w_{min} = 0.4$，最大迭代次数为100，最大速度为1，搜索范围为 [0.00001，40]。由于算子的 i 范数是和时间有关的量，所以为了使目标函数的值最小，我们令每一时刻的函数值都最小，最后可以得到每一时刻对应的参数值和目标函数值，详见下一节仿真结果图。

4.3.2 仿真与实验结果分析

同样对于珀尔贴制冷系统，同样的参数设置，只改变跟踪算子的设计，由此可以得到该系统的仿真和实验结果。在仿真过程中，我们设置初始温度也为 20.3℃，参考输入为 3℃，也就是系统需要下降的温度，所以我们的期望输出是 17.3℃；仿真时间是 600s，采样时间的 0.1s；由于该系统是温度控制，并且考虑到实际系统中采样时间和粒子群运行的时间冲突，我们同样设定每 5s 对系统中跟踪控制器的参数进行一次优化。如图 4-15 为珀尔贴制冷系统的输入输出仿真结果，从中可以看出系统可以满足跟踪控制；图 4-16 为每一时刻约束条件 $\|NC\|$ 的范数值，从中我们可以得到每一时刻的优化都满足约束条件；图 4-17 为满足约束条件下每一时刻目标函数 $\|I+NC\|_i$ 范数的逆的值；图 4-18、图 4-19 为跟踪控制器中每一时刻通过粒子群优化的参数的值；图 4-20 为在 400s 加入扰动后系统的输出结果，从中我们可以得到系统具有很好的鲁棒稳定性。实验过程与上一节的一样，也是参考输入为 3℃，系统的输出为系统的下降温度，如图 4-21 所示珀尔贴制冷系统的输出结果，从中我们可以再次验证以上方法的有效性。同时与上一节中跟踪控制器的设计相比，我们可以得到，本章中系统的输入输出仿真结果和实验结果的稳定时间明显得到改善，说明该方法很好的改进了上一节中的跟踪控制器的不足。

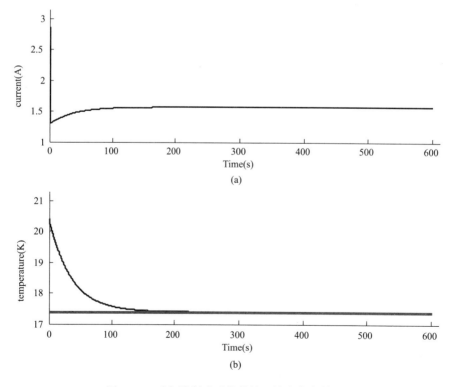

图 4-15 珀尔贴制冷系统的输入输出仿真结果

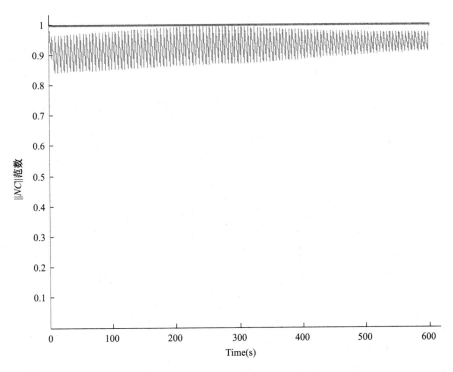

图 4-16　每一时刻约束条件 $\| NC \|$ 的范数值

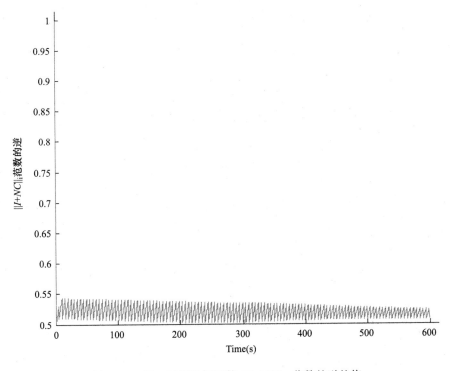

图 4-17　每一时刻目标函数 $\| I+NC \|_i$ 范数的逆的值

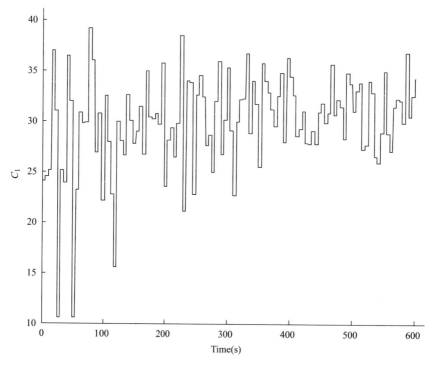

图 4-18　每一时刻跟踪控制器中通过粒子群优化的参数 C_1 的值

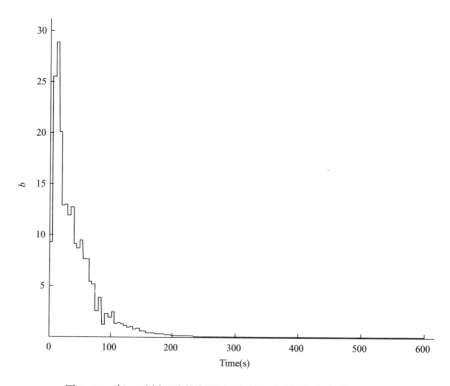

图 4-19　每一时刻跟踪控制器中通过粒子群优化的参数 b 的值

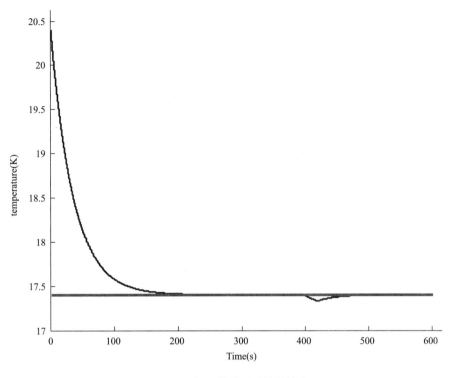

图 4-20　加入扰动后系统的输出

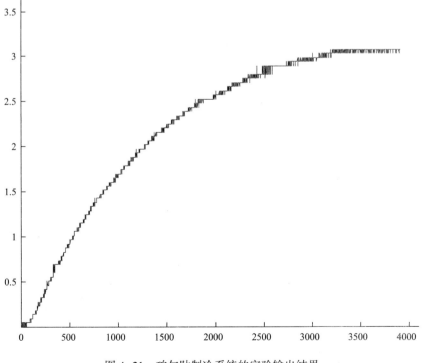

图 4-21　珀尔贴制冷系统的实验输出结果

4.4 对跟踪算子设计的思考

对于非线性系统来说，基于算子理论的鲁棒右互质分解可以很好的保障系统的鲁棒稳定性，对于跟踪控制器的设计，当采用反馈跟踪时，涉及的算子逆的范数的求解，到最后都需要设计一个新的算子，并且需要参数的优化，而一般这个新的算子也不是很容易得到的，所以再次考虑一种新的跟踪控制器的理论研究方法。本书基于算子理论的鲁棒右互质分解采用了 Bezout 恒等式的条件，我们先不考虑不确定性的存在，那么非线性系统的右互质分解图如图 4-22 所示[13]。

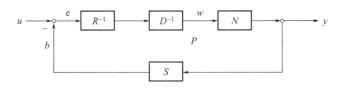

图 4-22 非线性系统的右互质分解

根据图 2-5 到图 2-6 的等效关系，我们可以得到图 4-22 的等效图，如果我们令 $M^{-1}=I$，那么输入空间 $U=W$，图 4-22 可以等效为图 4-23，如图 4-23 所示。

加上跟踪控制器 C 之后，采用开环控制，那么非线性的跟踪控制如图 4-24 所示。

图 4-23 图 4-22 的等效图　　　　　　图 4-24 非线性系统的跟踪控制

从图中我们可以得到，跟踪算子 C 与算子 N 的关系，如果此时我们能找到当跟踪算子为算子 N 的逆时，那么输出 y 就可以很好的跟踪上参考输入。我们已经知道算子的逆很难得到，那么如何来求算子 N 的逆呢？考虑跟踪算子的设计是在基于 Bezout 恒等式的鲁棒稳定的基础上进行的，所以本文将跟踪算子的设计与 Bezout 恒等式相联系[14]。

我们已知 Bezout 恒等式为：

$$SN + RD = M，M 是单模算子 \tag{4-42}$$

令 $M=I$，那么 Bezout 恒等式可转变成：

$$SN + RD = I \tag{4-43}$$

由非线性系统的右互质分解，我们已经得到算子 S、R、N、D，我们令算子 $Z = RD$，那么式（4-43）可以变成：

$$SN + Z = I \tag{4-44}$$

由此可以得到算子 N 的逆为：

$$N^{-1} = (S^{-1}(I - Z))^{-1} = (I - Z)^{-1}S \tag{4-45}$$

那么跟踪算子 C 就可以得到：

$$C = (I - Z)^{-1} S \tag{4-46}$$

跟踪算子 C 的关系图如图 4-25 所示。

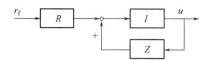

图 4-25　跟踪算子 C 的设计

因为算子 S 和 Z 是已知的算子，所以跟踪算子 C 也就得到了。

我们可以对上面的算法进行一下简单的证明，证明过程如下[11]。

证明：

如图 4-26 所示非线性系统的跟踪控制图，其中 S、Z 都是已知的稳定算子，其中 $Z = RD$，并且满足 Bezout 恒等式 $SN + RD = I$。

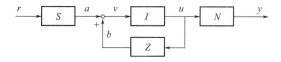

图 4-26　非线性系统的跟踪控制

从图中我们可以得到：

$$a = S(r)，\ b = Z(u)$$

那么 $v = a + b = S(r) + Z(u)$

又 $u = I(v) = v$

所以

$$u = S(r) + Z(u)$$
$$u - Z(u) = S(r)$$
$$(I - Z)(u) = S(r)$$
$$u = (I - Z)^{-1} S(r)$$

又 $y = N(u)$

所以 $y = N(I - Z)^{-1} S(r)$

由 Bezout 恒等式 $SN + RD = I$ 我们可以得到：

$$SN = I - RD$$

又 $Z = RD$

所以 $I - Z = I - RD = SN$

那么 $y = N(I - Z)^{-1} S(r) = N(SN)^{-1} S(r) = NN^{-1} S^{-1} S(r) = I(r) = r$

满足系统的输出等于参考输入的跟踪控制，所以该跟踪控制器的设计满足要求。

证明完毕。

对于珀尔贴制冷系统，我们已经知道其右互质分解的算子，S、R、N、D 分别为：

$$N(w)(t) = e^{-Rt} \int_0^t e^{R\tau} w(\tau) \mathrm{d}\tau \tag{4-47}$$

$$D(w)(t) = cmw(t) \tag{4-48}$$

$$S(y)(t) = (1-K)\left[\frac{dy(t)}{dt} + Ry_a(t)\right] \tag{4-49}$$

$$R(u_\mathrm{d})(t) = \frac{K}{cm}u_\mathrm{d}(t) \tag{4-50}$$

那么可以得到：

$$Z = RD(w)(t) = Kw(t) \tag{4-51}$$

那么跟踪算子 C 也就得到了。

对于存在不确定性的非线性系统，由于扰动加在了 N 上，所以此时的 Bezout 恒等式为：

$$S(N + \Delta N) + RD = M, \quad \text{其中 } M \text{ 是单模算子} \tag{4-52}$$

那么含有不确定性的非线性系统可以等效成图 4-27。

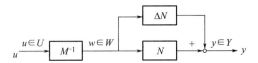

图 4-27 含有不确定性的非线性系统的鲁棒右互质分解

同样令 $M=I$，$Z=RD$，那么我们可以得到 $N + \Delta N$ 的逆为：

$$(N + \Delta N)^{-1} = (I - Z)^{-1}S \tag{4-53}$$

由此得到的跟踪算子 C 与不含不确定性的非线性系统是一样的。

参考文献

［1］杨维，李歧强. 粒子群优化算法综述［J］. 中国工程科学，2004：87-94.

［2］J. Kennedy，R. C. Eberhart. Particle swarm optimization［A］. Proc IEEE International Conference on Neural Networks. USA：IEEE Press，1995：1942-1948.

［3］Y. H. Shi，R. C. Eberhart. A modified particle swarm optimizer［A］. Evolutionary Computation Proceedings. IEEE World Congress on Computational Intelligence，1998：69-73.

［4］潘峰，陈杰，辛斌，等. 粒子群优化方法若干特性分析［J］，自动化学报，2009：1010-1016.

［5］A. Sharifi，A. Harati，A. Vahedian. Marker based human pose estimation using annealed particle swarm optimization with search space partitioning［A］. Computer and Knowledge Engineering（ICCKE），2014 4th International eConference. 2014：135-140.

［6］范成礼，邢清华，范海雄，等. 带审敛因子的变邻域粒子群算法［J］. 控制与决策，2014：696-700.

［7］Z. Qie，J. Li，Y. Zhang. Adaptive particle swarm optimization based particlefilter for tracking maneuvering object［A］. Control Conference（CCC），Chinese，2014：4685-4690.

［8］崔宇. 磨矿过程优化控制仿真实验系统的设计与开发［D］. 沈阳：东北大学，2008.

［9］G. Chen，Z. Han. Robust right coprime factorization and robust stabilization of nonlinrar feedback control systems，IEEE Transactions on Automatic Control，vol. 43，no. 10，pp. 1505-1510，1998.

［10］ M. Deng, A. Inoue, K. Ishikawa. Operator－based nonlinear feedback control design using robust right coprime factorization, IEEE Transactions on Automatic Control, vol. 51, no. 4, pp. 645－648, 2006.

［11］ R. J. P. de Figueiredo, G. Chen. An operator theory approach, Nonlinear feedback control systems, New York: Academic Press, INC., 1993.

［12］ M. Deng, A. Inoue, Soitiro Goto. Operator based thermal control of an aluminum plate with a peltier device, International Journal of Innovative Computing, Information and Control, vol. 4, no. 12, pp. 3219 － 3229, 2008.

［13］ M. Deng, N. Bu. Robust control for nonlinear systems using passivity－based robust right coprime factorization ［J］. IEEE Transactions on Automatic Control, 2012, 57（10）: 2599－2604.

［14］ 温盛军，毕淑慧，邓明聪. 一类新非线性控制方法：基于演算子理论的控制方法综述 ［J］. 自动化学报，2013: 1812－1819.

第 5 章 基于算子理论的液位系统控制

5.1 液位过程控制系统介绍

5.1.1 液位过程控制系统结构

液位过程控制系统如图 5-1 所示，对象装置主要由两个水箱级联构成，前一个水箱的输出流量作为后一个水箱的输入流量，每个水箱的输入流量能够被检测并实现过程控制，相应部分安装有流量传感器和调节阀，最后一级水箱的输出流量不需检测。要进行液位控制，水箱内的液位作为输出要能检测到，即要进行液位控制的水箱安装液位检测仪。除上述检测仪器和执行机构以外，还具备有：抽水泵，将液体送入各级水箱；限位器，确保水箱内液位不溢出；各种检测变量的显示仪；以及对应的电气部分设计。

图 5-1 液位控制系统实验平台

该双水箱结构简图如图 5-2 所示，该系统主要有工控机、上下水箱、储水槽、配电箱、PCL-812PG 采集卡，PCLD-780 端子板、超声波液位传感器、温度传感器、流量计、调节阀等主要部分组成。我们采用研华公司生产的研华工控机，由于本文主要针对水箱的液位进行仿真与控制，因此在这里重点对液位控制相关部分进行讨论，对各个部分（主要包括：PCL-

812PG 采集卡、PCLD-780 信号调理板、超声波液位传感器等）进行调试。

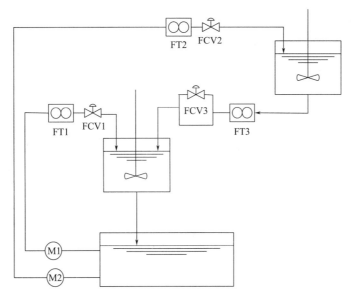

图 5-2　双水箱结构图

工控机与系统之间的接口板卡为 Advantech 公司生产的 PCL-812PG 数据采集卡，如图 5-3 所示。其中该采集卡主要包括 16 位单端模拟输入通道和两个 12 位单集成多极性 D/A 输出通道等，将采集卡插入工控机卡槽前要对其进行跳线设置和基地址的选择等步骤，如 DMA 通道、用户计数器输入时钟、D/A 和 A/D 参考源以及 A/D 最大输入电压等。本次控制对于输入功能我们跳线选择对应位置为电压 0~5V，输出功能我们选择为 0~10V 选项。采集卡正确

图 5-3　PCL-812PG 采集卡

设置之后，我们需要对采集卡进行调试，将该卡装入工控机指定位置，并根据提示装载驱动程序，然后对各个模块进行调试，检验各部分是否能够正常工作，打开"Advantech Device Manager"，加载 PCL-812PG 采集卡，如果加载失败，则需要重新检查板卡是否正确安装，加载成功，则可以点击界面上测试按钮，分别对模拟输入、模拟输出、数字输入和数字输出等功能进行调试，如果一切正常，则可以进行下一步开发程序，调试设备等操作。

PCL-812PG 采集卡与双水箱系统之间通过信号调理板 PCLD-780 进行通信。如图 5-4 所示。由于系统中执行机构调节阀输入为 4~20mA 电流信号，因此，我们将采集卡输出的电压信号通过 PCLD-780 与信号转换模块 24V 的 FWP-20 智能电压/电流变送器进行连接，该转换器可以将 0~10V 电压转换成 4~20mA 电流信号，如图 5-5 所示，然后作用于调节阀。对于数据采集卡输入模块，液位传感器与采集卡之间通信时输出为 4~20mA 电流信号而采集卡只能接受电压信号，故我们在信号调理板 PCLD-780 上相应端口接入 250Ω 电阻，对应于上述中采集卡设置的 0~5V 电压。

图 5-4　PCLD-780 信号调理板

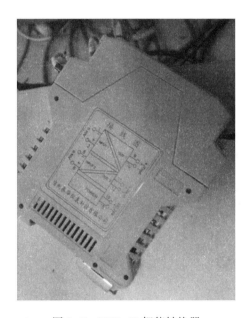

图 5-5　FWP-20 智能转换器

超声波液位传感器有两路输出，分别为 0~10V 电压和 4~20mA 电流输出。电压输出接入变送器进行液位转换，电流输出我们通过 PCLD-780 调理板与采集卡通信。这里我们需要注意的是对液位传感器的标定，标定过程如果出现偏差，则在液位显示过程中会出现较大误差，不能精确显示液位高度，在该项操作中我们需要对水箱进行多次的进放水操作，具体方法为：

（1）将电源关闭。

（2）然后将设定插头拔掉。

（3）再次打开电源通电（重启）。

（4）将水注入水箱达到目标位置。

（5）把插头插入分别对应的位置然后再拔出，这样设定位置 A1 和 A2 就完成了，在拔出插头的同时，设定数据将被保存。

（6）该次调试过程可以通过 LED 指示灯指示，当绿灯亮时，表示目标物被检测到，如果红灯闪烁，则没有被检测到，此时我们需要检测插头或者移动插头的高度直到绿灯亮为止。

（7）最后将设定插头插入 T 位置，传感器标定结束，传感器开始正常工作。

液位过程控制原理图如图 5-6 所示。水箱液位高度通过超声波液位传感器和变送器读取数据，数据采集卡 A/D 将传感器传送值经过处理反馈给输入端，与液位给定值比较计算偏差值，通过控制器计算将控制信号经过采集卡 D/A 采集计算然后转变成系统能够接受的模拟信号，输出到执行机构，即调整调节阀阀门的刻度，控制对象（水箱）在阀门的控制下达到设定的液位值。该液位控制过程的结构框图如图 5-7 所示。

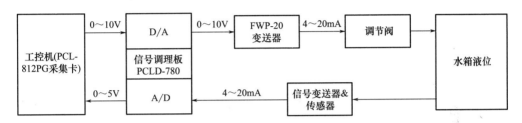

图 5-6　液位控制过程原理图

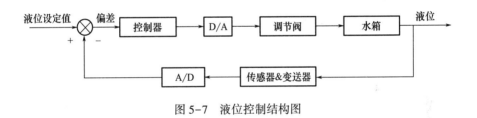

图 5-7　液位控制结构图

5.1.2　数据采集系统[1]

（1）基本功能与特性。

采用 Advantech 公司生产的 PCL-812PG 数据采集卡是 IBM PC/XT/AT 及其兼容机的高性能、高速、多功能数据采集卡，广泛地应用于工业及实验室环境下。主要应用于数据采集、过程控制、自动检测、工厂自动控制。主要包含以下特性：

- 16 位单端模拟输入通道。
- 一个工业标准的 12 位逐位逼近式 A/D 转换器（HADC574Z）用于转换模拟量输入。在 DMA 模式下最大的 A/D 采样速率为 30kHz。
- 软件可编程模拟输入序列。
- 双极性电压+/-5V，+/-2.5V，+/-1.25V +/-0.625V +/-0.3125V。
- 三种 A/D 触发模式。
- 软件触发器。
- 可编程步测触发器。
- 外部脉冲触发器。

- 程序控制 A/D 转换器的数据传输，中断处理器或 DMA 转换。
- 一个 Intel 8253-5 可编程定时器/计数器可提供以 0.5MHz-35 minutes/pulse 步测输出（触发脉冲），定时器的时间基准为 2MHz。一个 16 位计数器保留给用户设置应用。
- 两个 12 位单集成多极性 D/A 输出通道。一路输出可由板内-5V 或-10V 参考电压产生 0~5V 或 0~10V 范围的输出。这个参考电压精度来源于 A/D 转换器的参考电压精度。外部直流或交流参考电压同样也可以用于产生其他 D/A 输出。
- 16 位 TTL/DTL 兼容数字输入、输出通道。

PCL-812PG 数据采集卡的主要功能如下：

①模拟输入（A/D 转换器）。

- 通道：16 单端
- 处理位：12 位
- 输入电平：双极性+/-10V，+/-5V，+/-2.5V，+/-1.25V，+/-0.625V，+/-0.3125V
  所有输入电平可以软件编程控制
- 过载电压：最大连续+/-30V
- 转换类型：逐位逼近式
- 转换器：HADC574Z（嵌入式采样保持器）
- 转换速率：最高 30kHz
- 精度：每读+/-1 位 0.015%
- 线性度：+/-1 位
- 触发模式：软件触发，板内程序定时器或外部触发
- 数据传输：程序控制，中断控制或 DMA 控制
- 外部触发：TTL 或兼容，在低电平 0.5V 时最大负载电流 0.4mA，在高电平 2.7V 时最大负载电流 0.05mA

②1.5.2 模拟输出（D/A 转换器）。

- 通道：2
- 处理位：12 位
- 输出电平：在固定参考电压-5V 或-10V 下输出 0~+5V 或 0~10V。在外部直流或交流参考电压下最大输出电压+10V 或-10V。
- 参考电压
  内部：-5V（+/-0.1V），-10V（+/-0.2V）
  外部：直流或交流，最大+/-10V
- 转换方式：12 位单片乘法
- 模拟设备：AD7541AKN 或同类设备
- 线性度：+/-0.5 位
- 输出驱动电压：最大+/-5mA
- 设置时间：30ms

③1.5.3 数字输入。

- 通道：16 位

- 电平：TTL 兼容
- 输入电压

    低电平：最大 0.8V

    高电平：最小 2.0V

- 输入负载

    低电压：0.5V 时最大 0.4mA

    高电平：2.7V 时最大 0.05mA

④数字输出。

- 通道：16 位
- 电平：TTL 兼容
- 输出电压

    低电平：0.5V 时散热器最大 8mA

    高电平：2.4V 时电源最小 -0.4mA

⑤可编程定时器/计数器。

- 设备：Intel 8253
- 计数器：3 通道，16 位，2 个通道永远连接 2MHz 时钟作为可编程步测，1 个通道留给用户应用
- 输入，门电路：TTL/DTL/CMOS 兼容
- 时基：2MHz
- 步测输出：35minutes/pulse to 0.5MHs

⑥中断通道。

- 电平：中断请求 2~7，10，11，12，14，15 跳线选择
- 使能：VIA 控制寄存器 S0，S1 和 S2

⑦DMA 通道。

- 电平：1 或 3，跳线选择
- 使能：VIA 控制寄存器 S0，S1 和 S2

⑧通用功能。

- 功耗：+5V：典型，500mA，最大 1A

    +12V：典型，50mA，最大 100mA

    -12V：典型，14mA，最大 20mA

- 输入/输出转换器：20 针，用于输入/输出连接。适配器提供 37 针 D 型连接器
- 输入/输出基地址：要求 16 位连续地址区间。基地址通过双列直插式组装开关 A8-A4 设置（厂家设置为 16 进制 220）
- 工作温度：0~50℃
- 存储温度：-20~+65℃
- 重量：8.6 盎司（243g）

（2）数据采集卡设置。

PCL-812PG 数据采集卡方便使用，板上有一个双列直插式开关和九个跳线，开关和跳线

的功能根据其在板上的位置不同而不同，需要进行设置。

①基地址设置。开关名称为SW1。大多数计算机外围设备和接口卡都是通过输入/输出端口。这些端口的地址在输入/输出端口地址空间寻址。

PCL-812PG卡的输入/输出端口基地址可以通过8位双列直插式开关选择。PCL-812PG卡要求16位连续地址。有效地址从200H到3FH；然而，这些地址可以分配给其他的设备。PCL-812PG卡的基地址跳线设定在出厂时设定为200H。如果更改成其他地址范围，跳线设置基地址说明如下：

I/O 地址范围（h）	开关位置					
	1	2	3	4	5	6
	A8	A7	A6	A5	A4	A3
200-20F	0	0	0	0	0	X
210-21F	0	0	0	0	1	X
220-22F*	0	0	0	1	0	X
230-23F	0	0	0	1	1	X
300-30F	1	0	0	0	0	X
3F0-3FF	1	1	1	1	1	X

Note：

ON=0，OFF=1

A4…A9相对于计算机的总线地址线

*代表出厂设置

②等待状态设置。一些高速的计算机在稳定的数据传输过程中在输入/输出总线中插入等待状态。PCL-812PG卡可以在每次传送数据过程中插入0、2、4、6个等待状态。每个等待状态的长度可通过SW1的7、8脚来设置。如下所示：

开关位置		
7	8	时间延时
W0	W1	
0	0	0
1	0	2
0	1	4
1	1	6

③DMA通道设置。跳线名为JP6、JP7。PCL-812PG卡具有DMA数据传输功能。DMA一级或是三级的选择可以通过跳线控制。

④触发源设置。跳线名为JP1。A/D转换触发源可以使片内可编程步测信号也可以使外部脉冲信号（连接器CN5的1脚）。

⑤用户计数器输入时钟设置。跳线名为JP2。可编程定时器/计数器是三通到16位计数器。通道1和通道2设定成内部步测，通道0留为用户自定义。通道0时钟输入可以是内部2MHz时钟信号或者是来自连接器CN5的第8脚外部时钟信号。

⑥中断优先级设置。跳线名为JP5。由A/D转换器完成引起的中断可以设置为中断优先

级 2~7，10，11，12，14，15。可以由 JP5 选择。用户应该清楚没有其他添加卡拥有同一优先级。

⑦D/A 参考电源设置。跳线名为 JP3、JP4。D/A 转换器的参考电压内部电压−5 、−10V 或是来自连接器 CN2 的 17 脚或 19 脚的参考电压。D/A 通道 1（2）参考电源可以通过 JP3（4）设置。

⑧D/A 内部参考电压设置。跳线名为 JP8。内部参考电压可以为−5V 或−10V。可以通过 JP8 选择。仅当跳线 JP3 或是 JP4 设置为 INT 内部参考电压。

⑨A/D 最大输入电压选择。跳线名为 JP9。当 A/D 转换器被 JP9 选择时的输出范围 +/−5V 或+/−10V。如果 JP9 设置为+/−5V 时 PCL-812PG 卡的模拟输入范围+/−5V，+/−2.5V，+/−1.25V，+/−0.625V 和 +/−0.3125V. 如果 JP9 设置为 +/−10V 时，PCL-812PG 卡的模拟输入范围+/−10V，+/−5V，+/−2.5V，+/−1.25V 和 +/−0.625V。JP9 的默认值是+/−5V。用户可以将 JP9 为+/−10V 使之成为双输入范围。

一些计算机所提供的偏置电压 Vcc +一般为小于 12V，例如 11.2V。这种情况下可编程放大器的输出电压波动范围不能达到 10V 并且如果 JP9 设置为+/−10VA/D 转换器将不能正确测量。A/D 转换器最大输出范围是+/−10V。

（3）连接器的管脚功能。

PCL-812PG 卡带有两个 20 针绝缘连接器，位于卡的后端，并且有其他三个 20 针板内连接器。所有这些连接器可以连接到同种型号的扁平电缆，或是连接到 37 针连接器通过 PCLK-1050 工业及端子板。每个连接器的引脚排列如下：

A/D　　　　　　模拟输入
A. GND　　　　　模拟地
D/A　　　　　　模拟输出
D/O　　　　　　数字输出
D/I　　　　　　数字输入
D. GND　　　　　数字地和电源供应地
CLK　　　　　　8253 计数器时钟输入
GATE　　　　　8253 计数器门电路输入
OUT　　　　　　8253 计数器信号输出
VREF　　　　　参考电压

Connector 1（CN1）模拟输入（单端通道）

A/D　0　1　2　A. GND
A/D　1　2　4　A. GND
A/D　2　5　6　A. GND
A/D　3　7　8　A. GND
A/D　4　9　10　A. GND
A/D　5　11　12　A. GND
A/D　6　13　14　A. GND
A/D　7　15　16　A. GND

A/D   8   17   18   A. GND

A/D   9   19   20   A. GND

Connector 2（CN2）模拟输出

A/D   10   1   2   A. GND

A/D   11   3   4   A. GND

A/D   12   5   6   A. GND

A/D   13   7   8   A. GND

A/D   14   9   10   A. GND

A/D   15   11   12   A. GND

D/A   1   13   14   A. GND

D/A   2   15   16   A. GND

V. REF   1   17   18   A. GND

V. REF   2   19   20   A. GND

Connector 3（CN3）数字输出

D/0   0   1   2   D/0 1

D/0   2   3   4   D/0 3

D/0   4   5   6   D/0 5

D/0   6   7   8   D/0 7

D/0   8   9   10   D/0 9

D/0   10   11   12   D/0 11

D/0   12   13   14   D/0 13

D/0   14   15   16   D/0 15

D. GND   17   18   D. GND

+5V   19   20   +12V

Connector 4（CN4）-数字输入

D/I   0   1   2   D/I 1

D/I   2   3   4   D/I 3

D/I   4   5   6   D/I 5

D/I   6   7   8   D/I 7

D/I   8   9   10   D/I 9

D/I   10   11   12   D/I 11

D/I   12   13   14   D/I 13

D/0   14   15   16   D/I 15

D. GND   17   18   D. GND

+5V   19   20   +12V

Connector 5（CN5）-计数器

EX. TRG   1   2

EX. TRG   3   4

EX. TRG	5	6	CTR1 GATE
EX. TRG	7	8	CTR0 CLK
EX. TRG	9	10	CTR0 OUT
EX. TRG	11	12	CTR0 GATE
EX. TRG	13	14	CTR1 OUT
EX. TRG	15	16	
EX. TRG	17	18	D. GND
EX. TRG	19	20	

（4）信号连接。

正确的信号连接是确保应用系统正确地进行发送和接收数据的最重要最重要的一步。因为大多数数据获得包括电压，正确的信号连接防止信号电压对你的电脑和硬件设备造成代价严重的损失。

PCL-812PG 卡支持 16 路单端模拟输入配置。单端配置就是在每一通道里只有一根信号线。所要检测的电压就是信号线中的电压参考于公共地的电位差。一个信号源没有接地叫作"浮地"。相当于简单把一个单端通道接成浮地信号源。可以通过多路复用器扩展任何一个或所有 PCL-812PG 卡的 A/D 输入通道。PC-LabCard 上 PCLD-789 放大器和乘法器子卡是为乘法应用特别设计的。每个 PCLD-789 能在同一 A/D 通道内多路复用 16 路差动输入。8 片 PCLD-789 串联到 PCL-812PG 卡上可以提供总共 128 通道。带 PCLD-789 的 PCL-812PG 卡的使用说明可以在 PCLD-789 的用户手册上查询。

PCL-812PG 卡提供两路 D/A 输出通道。可以通过 PCL-812PG 卡内部精确参考电压-5V 或-10V 产生 0~5V 和 0~10V 范围的 D/A 模拟输出。也可以通过外部参考电压产生其他范围的 D/A 的输出。最大的参考输入范围为+/-10V 并且最大的输出范围为+/-10V。PCL-812PG 卡的连接器 CN2 用于 D/A 信号。D/A 信号连接器的重要部分是输入参考、D/A 输出和模拟地。

PCL-812PG 卡具有 16 路数字输入和 16 路数字输出通道。数字输入/输出电平位 TTL 兼容电平。传输或接收数字信号从其他 TTL 设备，从开关或继电器接收 OPEN/SHORT 信号，加上拉电阻以保证导通所需的电平。

（5）A/D 转换。

①A/D 转换数据格式和状态寄存器。

当 PCL-812PG 卡执行 12 位 A/D 转换时，一个 8 位的寄存器不能存储所有的 12 位数据。然而 A/D 数据存储在基地址+4 和基地址+5 的两个寄存器中。A/D 低位数据由基地址+4 的 D0（AD0）-D7（AD7）传送高位数据由基地址+5D0（AD8）-D3（AD11）传送。最小标志位为 AD0，最大标志位为 AD11。转换数据来源的 A/D 通道号为基地址+10 的寄存器的 D0（CL0）-D3（CL3）。增益可以通过基地址+9 的寄存器的 D0（R0）-D2（R2）设置。

A/D 数据寄存器的数据格式：

A/D 低位和通道号：

基地址+4	D7	D6	D5	D4	D3	D2	D1	D0
	AD7	AD6	AD5	AD4	AD3	AD2	AD1	AD0

A/D 高位：

基地址+5	D7	D6	D5	D4	D3	D2	D1	D0
	0	0	0	DRDY	AD11	AD10	AD9	AD8

②多路复用设置。

数据格式：

基地址+10	D7	D6	D5	D4	D3	D2	D1	D0
	X	X	X	X	CL3	CL2	CL1	CL0

③增益设置。

数据格式：

基地址+9	D7	D6	D5	D4	D3	D2	D1	D0
	X	X	X	X	X	R2	R1	R0

④触发模式设置。

PCL-812PG 卡 A/D 转换可以通过软件触发、板内可编程步测触发、外部脉冲触发三种方式中的任意一种方式触发。

软件触发可以通过应用软件命令控制。对地址为基地址+12 的寄存器写入任何值则可以进行软件触发。这种模式通常在高速 A/D 转换应用时不使用因为受限于应用程序的执行速度。PCL-812PG 卡用 Intil8253 可编程时间间隔定时器/计数器。在步测模式下 Intil8253 计数器 1 和计数器 2 被设置为步测以便为 A/D 转换器提供精确周期的触发脉冲。PCL-812PG 卡的步测输出为 0.5MHz 和 35 minutes/pulse。第 8 章将介绍 Intil8253 定时器/计数器的具体应用。当 A/D 转换应用需要高速转换时使用中断和 DMA 则 A/D 转换模式为步测模式可以达到理想的结果。

PCL-812PG 卡的直接外部脉冲触发可通过 EXT. TRG （连接器 CN5 的第 1 较）进行控制。这种模式应大多数用于 A/D 应用要求 A/D 转换不但是周期而且是有条件的，例如热电偶温度控制。

⑤A/D 数据转换。

PCL-812PG 卡有三种数据转换方式-程序控制、中断程序、DMA。

程序控制数据传输应用到轮流检测概念。当 A/D 转换器被触发后，应用程序检查 A/D 高位寄存器的数据准备位 DRDY。如果 DRDY 为零时，被转换的数据将在应用程序的控制下从 A/D 数据寄存器移到计算机存储器中。

在中断程序控制中，数据在中断程序控制器控制下从 A/D 数据寄存器移到先前定义的存储器单元中。在每次转换过程的结束时，数据准备信号产生一个中断式终端控制器执行数据传输。可以通过 JP5 选择的 PCL-812PG 卡中的控制寄存器（基地址+11）中中断优先级，中断相量，中断控制器 8259 和中断控制位在使用中断程序之前必须详细说明。往地址为（基地址+8）A/D 静态寄存器中写入任何值可以重新设置 PCL-812PG 卡的中断请求和重新使能 PCL-812PG 卡的中断。

直接内存存取（DMA）传输将不使用 CPU 而直接 A/D 数据从 PCL-812PG 卡的硬件设备移到计算机系统存储器中。DMA 是一种非常有用的高速数据传输方式，但是操作复杂。通过跳线 JP5 和 JP6 选择 DMA 优先级，PCL-812PG 卡中控制器和 8237DMA 控制器中 DMA 的使能位必须在进行 DMA 执行前设置。推荐用户使用 PCL-812PG 卡驱动器进行 DMA 操作。

可以直接通过程序写所有 I/O 口进行 A/D 转换，或是通过 PCL-812PG 卡驱动器的程序。推荐在程序中调用驱动器程序。这样可简化程序，提高程序性能。通过阅读软件驱动器用户手册获得更多信息。

执行步测触发和程序控制数据传输不用通过 PCL-812PG 卡驱动器。

第一步：设置中断通道可以通过往地址为基地址+10 的多路复用控制寄存器中写入通道号。

第二步：可以通过写基地址+9 的增益控制器设置模拟输入范围。

第三步：可以通过写模式控制器设置步测触发模式。

第四步：数据等待准备可以通过检测基地址+5 的 A/D 高速寄存器的 DRDY 位。

第五步：从 A/D 转换器读数据可以通过读基地址+4 和基地址+5 的 A/D 数据寄存器。必须先读高位。

第六步：数据转换是将二进制 A/D 数据转换成整数。

（6）D/A 转换。

PCL-812PG 卡提供两个使用双缓冲 12 为乘法 D/A 转换器的 D/A 通道。D/A 寄存器是基地址+4，+5，+6，+7。DA0 为最小标志位，DA11 位最大标志位。每个寄存器的数据格式如下：

基地址+4	D7	D6	D5	D4	D3	D2	D1	D0
D/A 低位	DA7	DA6	DA5	DA4	DA3	DA2	DA1	DA0
基地址+5	D7	D6	D5	D4	D3	D2	D1	D0
D/A 高位	X	X	X	X	DA11	DA10	DA9	DA8
基地址+6	D7	D6	D5	D4	D3	D2	D1	D0
D/A 低位	DA7	DA6	DA5	DA4	DA3	DA2	DA1	DA0
基地址+7	D7	D6	D5	D4	D3	D2	D1	D0
D/A 高位	X	X	X	X	DA11	DA10	DA9	DA8

当写 D/A 通道，注意应该先写低位。写数据时低位暂时存放在 D/A 的一个寄存器重而不输出。当高位写完后，低位和高位相加一起输出到 D/A 转换其中。这种双缓冲方式保证 D/A 数据在一次单步更新中保持完整。

PCL-812PG 卡提供一个内部精确稳定的 -5V 或 +10V 的参考电压。如果这个电压被用作 D/A 输入的参考电压时，D/A 输出范围会是 0~5V 或 0~+10V。也可选择外部直流或者交流电源作为 D/A 输入的参考电压。最大的参考电压为 -10V 和 +10V，并且最大 D/A 输出范围为 0~+10V 和 0~-10V。连接器 CN2 支持所有 D/A 信号连接。

PCL-812PG 卡支持多种 D/A 操作。例如 PCL-812PG 卡可以通过输入变化的交流或直流参考电压作为一个数字衰减器或者用作任意波形输出。随着 PCL-812PG 卡可编程，D/A 转换功能可以通过两种方式执行一种用 PCL-812PG 卡的应用程序中驱动器功能，另一种直接写 I/O 器件。

5.2　液位系统数学建模

本实验平台模拟一套双水箱控制系统，验证提出方法的可行性。该系统的下水箱为实验对象，先对其进行建模仿真。液位控制对象的水箱结构简图如图 5-8 所示，其建模需要的一些参数列在表 5-1 中[2]。

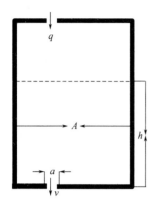

图 5-8　水箱结构简图

表 5-1　水箱的参数

A	水箱横截面积（m^2）
a	水流出口横截面积（m^2）
h	水箱液位高度（m）
q	水箱进水口流量（L/min）
v	水箱出水口水流速度（m/s）

就下水箱进行建模，下水箱有两个进水口和一个出水口，先将回流阀关闭，即 $q_1 = 0$（上水箱与下水箱中间相连通部分）。根据物料平衡关系，在正常状态下，流入量与流出量之差与水的液位有如下关系：

$$A\dot{h} = q_0 - av \tag{5-1}$$

根据伯努利方程 $\dfrac{v^2}{2g} + z + \dfrac{p}{\rho g} = c$，在平衡位置和出水口位置分别选一点进行分析，假设液位的变化速度为 $\dfrac{q_0}{A}$ 有：

$$\frac{q_0^2}{2gA^2} + h + \frac{p_a}{\rho g} = \frac{v^2}{2g} + \frac{p_a + \Delta p_a}{\rho g} \tag{5-2}$$

p_a 表示大气压强，Δp_a 表示高度为 h 的水产生的压强，再假设 $\Delta p_a = 0$，由式（5-2）可以得到：

$$v = \sqrt{\frac{q_0^2}{A^2} + 2gh} \tag{5-3}$$

通过式（5-3）和式（3-1）得：

$$\dot{h} = \frac{q_0}{A} - \frac{a}{A}\sqrt{\frac{q_0^2}{A^2} + 2gh} \tag{5-4}$$

由于 $q_0 \leqslant A$，所以式（5-4）可以表示为：

$$\dot{h} = \frac{q_0}{A} - \frac{a}{A}\sqrt{2gh} \tag{5-5}$$

用 $y(t)$ 表示输出变量 h，$u(t)$ 表示输入变量 q_0 所以液位的输入输出可用微分方程表示为：

$$\dot{y(t)} = \frac{1}{A}u(t) - \frac{a}{A}\sqrt{2gy(t)} \tag{5-6}$$

此微分方程也可以简单的由重力势能与动能之间的转换得到，取一定量的水下降高度 h，由能量守恒定律有 $mgh = \frac{1}{2}mv^2$ 得到 $v = \sqrt{2gh}$ 代入式（5-1）同样可以得到式（5-6）[3]。

模型相关参数大小如表 5-2 所示[4]。

表 5-2　系统模型参数值

A	706.5（cm²）
a	0.020096（cm²）
g	9.8（m/s²）

5.3　基于鲁棒右互质分解的控制器设计

对于本次课题研究中所建立的非线性控制系统，运用前文介绍的算子理论和数学建模对其进行右分解，对于式（5-6）中有非线性微分环节，对其解析解难以求解，用公式 $P = ND^{-1}$ 难以对其分解，因此模型我们可以描述为：

$$P^{-1}(y, t) = DN^{-1} = u(t) = A\dot{y}(t) + a\sqrt{2gy(t)} \tag{5-7}$$

对上式进行右分解得到式（5-8）：

$$Nw(t) = y(t) = \frac{w(t)^2}{2ga^2}$$

$$Dw(t) = u(t) = \frac{A}{2ga^2} \cdot \frac{d}{dt}\{w(t)^2\} + w(t) \tag{5-8}$$

即

$$P^{-1}(y, t) = \frac{A}{2ga^2} \cdot \frac{d}{dt}\{2ga^2 y(t)\} + a\sqrt{2gy(t)}$$

$$= A\dot{y}(t) + a\sqrt{2gy(t)} \tag{5-9}$$

由 Bezout 恒等式（5-5）我们可以得到控制器 R 和 S：

$$Ru(t) = Bu(t)$$

$$Sy(t) = (a - aB)\sqrt{2gy} - AB\dot{y} \tag{5-10}$$

即通过以上设计得到恒等式：

$$SNw(t) + RDw(t) = Lw(t), \quad L \in U(W, U) \tag{5-11}$$

其中，B 为设计的一个常量，可以对系统进行微调使其达到稳定的调节控制器。在右互质分解的控制器设计过程中，控制器 R 可以直接实现，但是对于控制器 S 很难保证其进行实时控制，因为 S 中存在微分环节[5]。

在本章研究中，微分环节的处理参照文献[5]中处理方法，微分函数 $\dot{y}$ 表示为：

$$\left.\frac{dy(t)}{dt}\right|_T = \frac{1}{T}y(t) - \frac{1}{T^2}e^{-t/T}\int y(\tau)e^{\tau/T}d\tau$$

式中：T——时间常量。

因此控制器 S 用下式近似替代：

$$Sy(t) = (a - aB)\sqrt{2gy} - AB\left(\frac{1}{T}y(t) - \frac{1}{T^2}e^{-\iota/T}\int y(\tau)e^{\tau/T}d\tau\right) \qquad (5-12)$$

由于该替代存在一定的误差，因此在实际控制中，不确定部分 ΔS 计算结果如下：

$$\Delta Sy(t) = AB\left(y(\dot{\iota}) - \frac{1}{T}y(t) - \frac{1}{T^2}e^{-\iota/T}\int y(\tau)e^{\tau/T}d\tau\right) \qquad (5-13)$$

对于不确定部分 ΔS 在条件式（5-11）情况下，该非线性液位控制系统是鲁棒稳定的。即下式假设成立

$$\|\Delta SNw(t)\| = \left\|AB\left(\frac{w(\dot{\iota})}{2ga^2}\right) - \frac{w(t)^2}{2ga^2T} - \frac{1}{T^2}e^{-\iota/T}\int\frac{w(\tau)^2}{2ga^2}e^{\tau/T}d\tau\right\| < 1 \qquad (5-14)$$

鲁棒稳定性的条件满足，由此可以证明该非线性系统在外部扰动情况下是鲁棒稳定的。跟踪控制系统设计满足条件式（5-13），M 为跟踪控制器。

$$(N + \Delta N)\widetilde{L}^{-1}M(r)(t) = I(r)(t) \qquad (5-15)$$

根据右互质分解设计图 2-7 可以得到图 5-9 的等效形式。

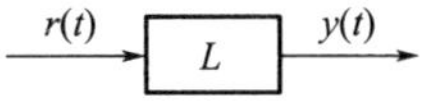

图 5-9　图 2-7 等效图

控制器 M 设计如式（5-16）所示：

$$M(r)(t) = a\sqrt{2gr(t)} \qquad (5-16)$$

5.4　系统仿真与实验

5.4.1　仿真结果分析

对于上面设计好的控制算法，我们首先采用 MATLAB 进行结果得验证，如图 5-10 所示。从图中我们可以看到运用基于算子理论的鲁棒右互质分解技术所建立的液位控制器仿真结果良好，该液位系统运行稳定，无超调，具有很强的鲁棒性，验证了该方法的有效性。图中输入为流量，输出为液位，液位设定值为 30mm，其中参数 $B = 0.08$，仿真系统在 500s 之后液位达到稳定，满足了设计要求。对于实时控制提供了良好的理论基础。

5.4.2　液位系统软件设计及调试

该实验平台与计算机之间采用 Advantech 公司的 PCL-812PG 数据采集卡作为接口，由于采集卡 PCL-812PG 自带的例程 Microsoft Visual C++大多都是基于 SDK（Software Development Kit）的程序应用，对于该设备对象我们研究开发出基于 Microsoft Visual C++及 MFC（Microsoft Foundation Class）类库编写的 Win32 控制台应用程序。

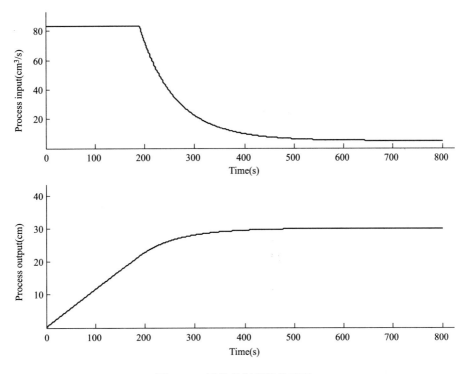

图 5-10　液位控制系统仿真图

MFC 是一个非常庞大的类库，提供了 Windows API 的许多功能，具有强大的程序开发功能，用该软件做界面程序操作简单，节省了程序员许多的任务量，这也是我们选择该软件的原因。C++与 C 相比有许多优点：

封装性，也就是说把进行数据运算的函数与数据组织在一起，这样不但使程序的结构之间的联系更加紧密，而且大大提高了内部数据的安全性。

继承性，该特性可以大大加强代码重用率和软件的可扩充功能。

多态性，这个特性可以使编程者在进行程序设计时能够更好地提高问题的抽象性，对代码的维护以及重用性有很大的帮助。

在保证采集卡正确安装，且驱动程序正常运行的情况下，其中包含有"Advantech"提供的动态连接库"ADSAPI32. DLL"我们还需要对所开发的 VC++程序加入采集卡所带的静态链接库"ADSAPI32. LIB"和程序运行所需的头文件"DRIVER. H"，其中"lib"文件是经过了编译以后的二进制文件。这些需要在创建工程项目时在软件中添加，如图 5-11 和图 5-12 所示，这样便可以成功的调用采集卡本身所带的函数库了。

如果设备运转正常，则软件开始运行时，应首先打开板卡调用 DRV_ DeviceOpen( ) 函数，初始化各个参数，获取设备特性函数 DRV_ DeviceGetFeatures ，该函数中的参数 lpDevFeatures 为设备特性的结构指针，指向 PT_ DeviceFeatures 结构类型的变量，返回该设备的特性。函数描述为：

DRV_ DeviceGetFeatures （LONG DriverHandle, LPT_ DeviceFeatures lpDevFeatures）。对应于应用程序中为：

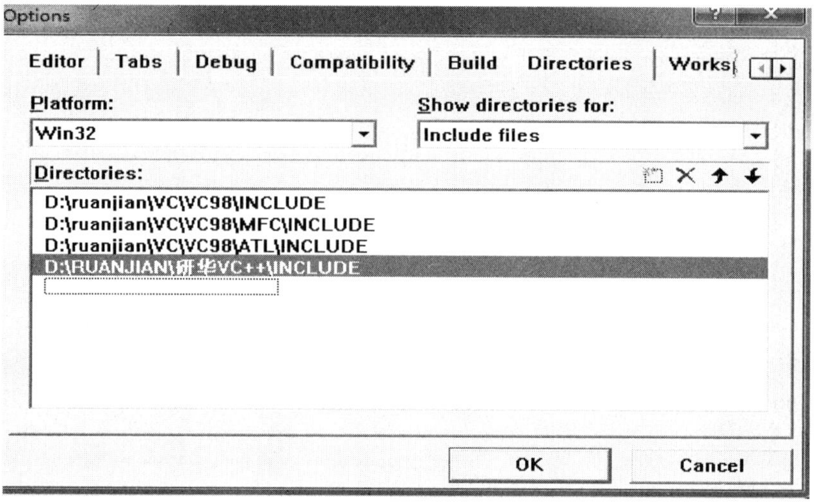

图 5-11　软件头文件配置图

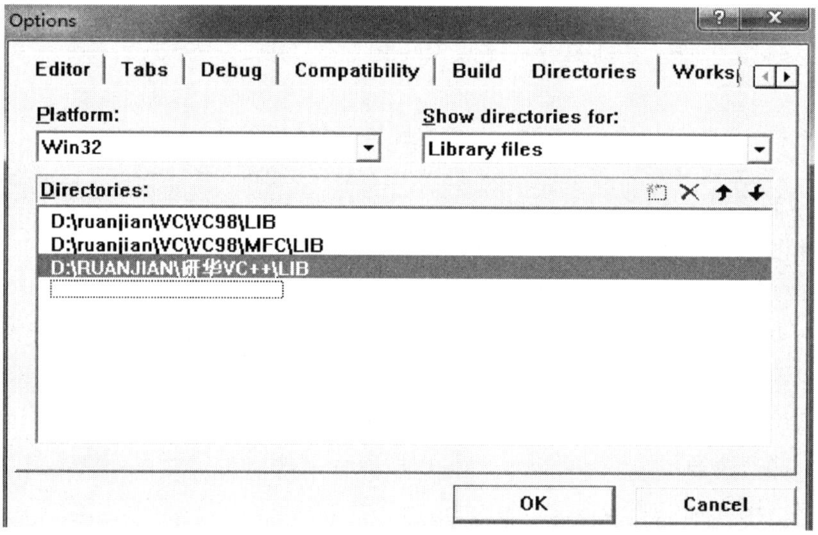

图 5-12　软件配置图

```
static  PT_DeviceGetFeatures  ptDevFeatures;
    ptDevFeatures.buffer = (LPDEVFEATURES)&DevFeatures;
    ptDevFeatures.size = sizeof(DEVFEATURES);
    if ((ErrCde = DRV_DeviceGetFeatures(DriverHandle,
                (LPT_DeviceGetFeatures)&ptDevFeatures)) !=SUCCESS)
            {
                DRV_GetErrorMessage(ErrCde,(LPSTR)szErrMsg);
                AfxMessageBox((LPCSTR)szErrMsg);
                DRV_DeviceClose((LONG far *)&DriverHandle);
                return ;
            }
```

在进行模拟输入和模拟输出操作之前还需配置指定 AI 通道的电压输入范围和采样通道，这是我们需要调用 DRV_ AIConfig 函数，该函数数据结构中包含 DasChan 和 DasGain 两个参数，分别代表上述变量配置。其中，DasGain 与硬件有关。程序流程图如图 5-13 所示。

参数配置成功板卡功能开启，计算机与系统开始通信，在模拟输入部分，需要用到 DRV_ AIConfig 函数，此函数包含两个参数，Driver-Handle 为板卡打开函数 DRV_ DeviceOpen 返回设备句柄，并指向目标设备，而 lpAIconfig 为指向结构体 PT_ AICongfig 的指针，该结构体需要动手设置，主要用于对采样通道（USHORT Das-Chan），GainCode（USHORT DasGain）的保存。该通道配置完成之后，这时采集卡调用函数 DRV_ AIVoltageIn，该函数表示模拟电压输入，接收 0~10V 的电压信号。在该函数中包含参数 lpAIVoltageIn，该参数指向结构体 PT_ AIVoltageIn 的指针，该结构体成员（chan，gain，Trig-Mode，voltage）四个变量，分别代表采样通道，

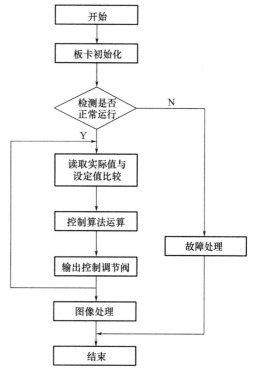

图 5-13 程序流程图

增益代码，触发模式和返回的电压值。程序代码如下，其中 m_ fVol 为采集到的电压值。

```
ptAIVoltageIn.chan = gwChannel;
ptAIVoltageIn.gain = ptAIConfig.DasGain;
ptAIVoltageIn.TrigMode = 0;
ptAIVoltageIn.voltage = (FLOAT far *)&m_fVol;
```

其中触发方式为 0 或 1，0 代表内部触发，1 代表外部触发。

采集卡接收系统传送过来的信号，进行运算之后，需要调用函数 DRV_ AOConfig（LONG DriverHandle，LPT_ AOConfig lpAOConfig）对板卡进行输入配置，在设备句柄 Driver-Handle 指向的设备上，改变所指定 AO（Analog Output）通道的输出范围默认配置（未调用本函数前，AO 通道的输出范围默认参考的是用户在研华设备管理器 Advantech Device Manag-er 的设置数据，这个数据保存在注册表 Registry 中）。本函数改变的配置数据只是执行时的暂存信息，保存在注册表的配置数据并没有被改变。

经过运算将计算结果通过函数 DRV_ AOVoltageOut 将信号输出给系统，使系统最终达到稳定。代码如下所示，该函数包含 AO 输出通道和浮点型数据输出值，值得注意的是，该值必须在硬件支持的范围内，否则会造成板卡运行故障。

```
ptAOVoltageOut.chan = gwChannel;
ptAOVoltageOut.OutputValue =  m_fdata;
```

基于 Microsoft Visual C++开发的 MFC 界面如图 5-14 所示,该图显示,我们需要对板卡型号,采集通道,电压范围,扫描时间做出设置,界面分别可以显示采集到的输入值和控制器输出值曲线。

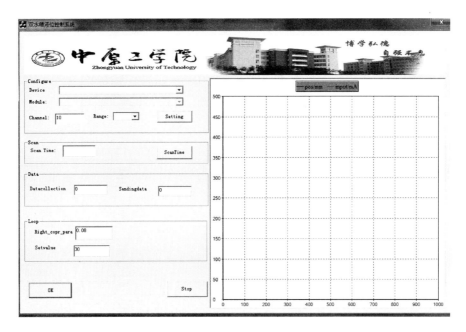

图 5-14　液位控制系统控制界面

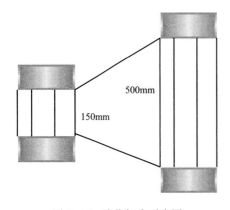

图 5-15　液位标定对应图

5.4.3　实验结果分析

针对上文设计的控制器,首先运用相关进行理论结果仿真,仿真结果验证了设计的有效性,接着我们需要对该结果进行实时控制,运用基于 Microsoft Visual C++的 MFC 做控制界面。

在该实时控制中,由于超声波液位传感器存在传感盲区,为了更好地验证该实验设计的准确性,我们将超声波液位传感器的标定进行了处理,标定值的 0~150mm 定义为显示值的 0~500mm,对应结果如图 5-15 所示。

控制结果如图 5-16 所示。在该结果图形中,设定液位值为 300mm,参数 $B=0.01$,与仿真中参数略有微调,由于存在水位的波动,所以采集值具有一定的波动范围,这与超声波液位传感器有关,但是采集结果显示该控制器具有很好的控制作用,该控制器具有很强的鲁棒性。在数学建模过程和仿真过程中,我们运用流量值作为系统输入值,但是在实际控制过程中,执行机构输入和输出为电流值,所以我们需要将流量输入进行数学变换,转换为电流值,然后作用与执行机构调节阀,所以实时控制中输入部分为电流值,作用范围为 4~20mA。

对于输入部分,PCL812-PG 采集卡发送的为 0~10V 的电压值,而调节阀接收 4~20mA

的电流值，通过 FWP-20 智能电压/电流变送器将 0~10V 电压信号转换为 4~20mA 电流信号。由于物理条件本身的限制，在实时显示图形中，液位在 400s 之后趋于稳定，比仿真结果图 5-10 中的稳定时间更小。为了更好地进行观察，我们将输入结果扩大了两倍，即图形显示的输入数据范围 8-40 代表实际输入值 4~20mA。液位值的局部放大图如图 5-17 所示，输入电流信号的局部放大图如图 5-18 所示。从仿真和实时控制我们都可以看出基于算子理论的鲁棒右互质分解方法对于该液位控制系统而设计的控制器控制效果良好，实时控制中，在大约 400s 时液位达到稳定，超调量低于 4%，进一步验证了设计的有效性，上面的设计对下面更深层次的研究设计奠定了坚实的理论和实践基础。

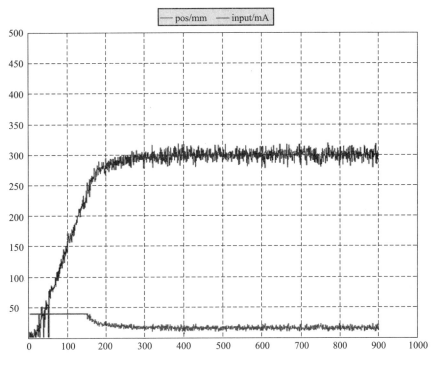

图 5-16　液位控制系统实时控制图

从图 5-17 的实时控制输入部分局部放大图中我们可以看出，在闭环系统开始运行的 0~150s 的时间内，系统存在状态饱和现象，这是因为在该控制过程中，经过控制器运算的数值大于调节阀所能承受的最大值[6-10]。由于物理条件的限制，我们必须对该系统进行输入受限，所以该系统控制过程的表达式为：

$$C(u_{\mathrm{d}}) = \begin{cases} u_{\max} & u_{\mathrm{d}} \geqslant u_{\max} \\ u_{\mathrm{d}} & u_{\min} < u_{\mathrm{d}} < u_{\max} \\ u_{\min} & u_{\mathrm{d}} \leqslant u_{\min} \end{cases} \tag{5-17}$$

在输入部分超过执行机构最大承受范围时，让其以最大值进行输出，在本次控制中，由于调节阀能承受的最大输入信号为 20mA，所以 $u_{\max} = 20\mathrm{mA}$，而能接受的最小信号为 4mA，所以 $u_{\min} = 4\mathrm{mA}$[11]。

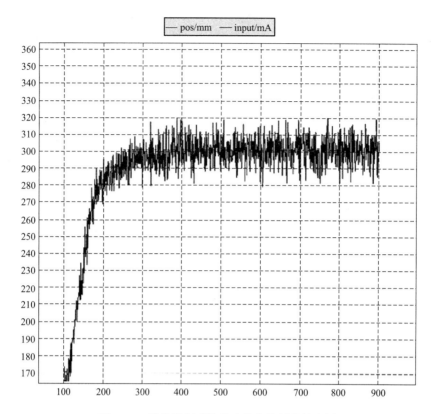

图 5-17 液位控制系统输出液位值局部放大图

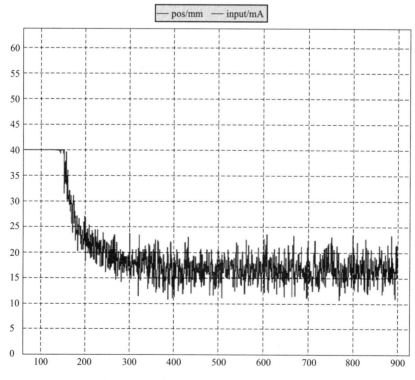

图 5-18 液位控制系统输入部分局部放大图

参考文献

［1］ Advantech Co. Ltd. , PCL-812PG Multi-function Data Acquisition User's Manual.

［2］ S. Bi, C. Gao, M. Deng. H-infinity state feedback control for nonlinear singular time-delay systems, Dynamics of Continuous, Discrete and Impulsive Systems, Series A, Mathematical Analysis, Supple. , Vol. 5, 1016-1020, 2007.

［3］ Pontriagin L. S. , V. Boltyanskii, R. Gamkrelidze, and E. Mishchenko, The mathematical theory of optimal processes, Interscience Publishers Inc. , 1962.

［4］ 刘金琨. 智能控制［M］. 北京：电子工业出版社，2014.

［5］ S. Wen, M. Deng, S. Bi, D. Wang. Operator-based robust nonlinear control and its realization for a multi-tank process by using DCS, Transactions of the Institute of Measurement and Control, vol. 34, no. 7, pp. 891-902, 2012.

［6］ A. Teel. Anti-windup for exponentially unstable linear systems, International Journal of Robust and Nonlinear Control, vol. 9, pp. 701-716, 1999.

［7］ S. Wen, M. Deng. Application of robust right coprime factorization approach to a distributed process control system, Proc. of 2009 IEEE International Conference on Automation and Logistics, pp. 504-508, 2009.

［8］ J. A. D. Dona, G. C. Goodwin. Elucidation of the state-space regions wherein model predictive control and anti-windup strategies achieve identical control policies, In Proceedings of the ACC, Chicago, 2000.

［9］ M. Deng, A. Inoue, A. Yanou. Stable robust feedback control system design for unstable plants with input constraints using robust right coprime factorization. Int. J. Robust Nonlinear Control 2007；17：1716-1733.

［10］ 王瑞芬. 输入受限影响下不确定系统的滑模研究［D］. 华东理工大学硕士论文，2010.

［11］ 刘金琨，孙富春. 滑模变结构控制理论及其算法研究与进展［J］. 控制理论与应用，2007，24（3）：407-418.

第6章 基于算子理论的
故障诊断与优化控制

6.1 基于算子理论的故障诊断观测器设计

故障诊断是从 20 世纪 60 年代末才被逐渐关注的研究热点。最开始研发故障诊断的是美国海军，其科研成果大多适用于实际应用。随后，英国和日本也对此技术进行研究。中国对于此项目的关注比较晚，大概开始于 20 世纪 80 年代。现今，非线性控制系统故障检测技术还处在起步研究阶段，特别是在综合研究网络控制其他影响因素的情况下，需要做出很多假设条件，因此研究成果局限性非常大。目前对非线性控制系统故障检测方法主要有以下几种[1]：

（1）将非线性系统近似为线性系统，运用线性系统已经成熟的研究方法进行设计，此方法很难运用于非线性度高的系统。

（2）对于某些特定的非线性系统，已有学者对其进行了详细的分析和研究，这些特定系统的控制就可以直接运用这些方法。可是针对特定模型的方法仅仅可以用到这些特别的系统，没有普遍适用性。

（3）运用智能控制、模糊控制等现代控制理论。现代控制理论对于处理非线性系统问题较为擅长，凭借此优点，很多学者都投入到运用现代控制理论中比较先进的方法来研究非线性控制系统故障检测问题。

控制系统经常用于远程控制，系统所在工作地点环境恶劣与否、系统元件质量好坏，都能使控制系统出现故障，如果远程控制远端的设备出现故障，没有办法及时观察到，这就需要网络控制系统具备故障检测功能。控制系统故障产生大概有以下原因：

（1）硬件故障，即系统元器件出现故障，也就是系统某些元器件出现异常，不能正常工作。

（2）软件故障，即控制器程序或者用于检测故障的程序等软件出现问题。

一般的控制系统主要由被控对象、控制器、执行机构、传感器等构成。这些组成部分在实际系统中都可能产生故障。本文主要是针对珀尔贴制冷装置和液位过程执行机构故障进行检测和优化控制。在检测故障的方法上，一方面可以用大量的传感器来检测，但是这种方法用在实际系统中成本较高，但易于实现；另一方面可以用过程控制中可测量的信息来进行数据分析，从而检测出故障[2]，这种方法能减小控制系统的成本。用数据分析传感器元件的故障在之前文献中用基于算子的右互质分解方法得到了解决[3-7]；而执行器故障既可以看作是输入受限问题，又可以当作是系统的不确定性因素。

6.2 执行器故障检测

首先，对建立好的模型进行鲁棒右互质分解，使其满足鲁棒稳定性，设计跟踪算子使之达到跟踪性能。对于系统 P，如果存在两个因果稳定的算子 N：$W \rightarrow Y$，D：$W \rightarrow U$，D 在 U 上可逆，并且使得 $P = ND^{-1}$ 或 $PD = N$ 那么称 P 存在右分解。如果 P 存在右分解 $P = ND^{-1}$，且存在因果稳定的映射 S：$Y \rightarrow U$，R：$U \rightarrow U$ 使如下 Bezout 恒等式成立：$SN + RD = I_U$ 或

$(R \quad S) \begin{pmatrix} D \\ N \end{pmatrix} = I_U$，则称 P 存在右互质分解，其

中 I_U 为 U 上的单位映射。如果 P 存在有界扰动 ΔP，带扰动的系统依然存在右互质分解性，则称系统存在鲁棒右互质分解[4]，如图 6-1所示。

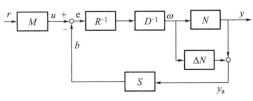

图 6-1 鲁棒右互质分解

根据以上定理，珀尔帖装置模型可以进行右分解：

$$D^{-1}(u_d)(t) = \frac{U_d}{cm} \tag{6-1}$$

$$N(w)(t) = e^{-At} \int e^{A\tau} w[\tau(\tau)] \tag{6-2}$$

所设计的右互质分解控制算子 R 与 S 为：

$$R(u_d)(t) = \frac{B}{cm} \left\{ S_p T_1 i - K_p (T_h - T_1) - \frac{1}{2} R_p i^2 \right\} \tag{6-3}$$

$$S(y_a)(t) = (1 - B) \left[\frac{dy_a(t)}{dt} + A y_a(t) \right] \tag{6-4}$$

为了检测故障信号，设计三个算子 R_0，S_0 和 D，（如图 6-2 所示），使之满足以下 Bezout 等式：

$$(SN + RD)(\omega)(t) = I(\omega)(t) \tag{6-5}$$

$$[S(N + \Delta N) + RD](\omega)(t) = \widetilde{L}(\omega)(t) \tag{6-6}$$

$$(S_0 N + R_0 D)(\omega)(t) = I(\omega)(t) \tag{6-7}$$

由此，可将 R_0，S_0 设计为：

$$R_0(u_d)(t) = \frac{K_0}{cm} \left[S_p T_1 i - K_p (T_h - T_1) - \frac{1}{2} R_p i^2 \right] \tag{6-8}$$

$$S(y_a)(t) = (1 - K_0) \left[\frac{dy_a(t)}{dt} + A y_a(t) \right] \tag{6-9}$$

其中，K_0 是故障检测增益。由于 S_0 输出与 R_0 输出的总和是空间 W 到 U 的映射，此总和 u_0 可以表示为：$u_0 = R_0 (u_d)(t) + S_0 (y_a)(t)$，收到故障信号影响后控制输入 u_d 变为：$u_d = R^{-1}(e)(t) + u_f$，其中 u_f 为故障信号引起的控制输入变化量。算子 D 是 ω 到 u_d 的映射，故

y_d 等价于受到故障信号后的控制输入[8]。然而直接将 u_0 映射到 D 是不可行的，因为 u_0 和 ω 所属于不同的向量空间，故设计单模算子 L，使 L（S_0N+R_0D）$= I$，其中 L 相当于一个由空间 U 到 W 的空间转换算子。则故障检测信号为：abs $[R^{-1}$（e）（t）$-y_d]$，若没有受到故障信号的影响，则故障信号检测值为 0。

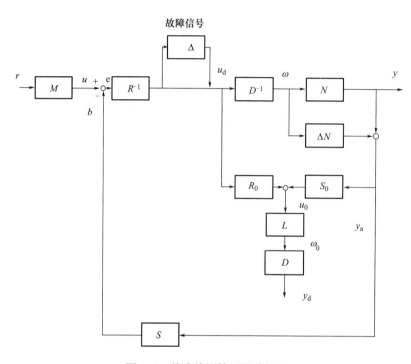

图 6-2　故障检测算子设计框图

6.3　半导体制冷系统故障的优化控制

6.3.1　故障系统的优化设计

以上内容为执行器故障信号的检测，当检测出故障信号后，本书提出了将故障问题转化为输入受限约束优化问题，以减小故障引起扰动，让系统能尽量保持跟踪性能。

受到故障影响之前，系统输出：

$$y(t) = \frac{1}{cm}e^{-At}\int e^{A\tau}u_d d\tau \qquad (6-10)$$

受到故障信号干扰之后，系统输出变为：

$$y_f(t) = \frac{1}{cm}e^{-At}\int e^{A\tau}[R^{-1}(e)(t)+u_f]d\tau \qquad (6-11)$$

优化的目的是让 $[y_f(t)-y(t)]$ 的绝对值最小，使之最小的误差有一定的约束条件，由系统控制框图，可得：

$$b = S\widetilde{P}\ (1+\Delta)R^{-1}\ (e) \tag{6-12}$$

$$e = u - b = M\ (r)\ -S\widetilde{P}\ (1+\Delta)R^{-1}\ (e) \tag{6-13}$$

由此可以推导出误差信号:

$$e = [I+S\widetilde{P}\ (1+\Delta)R^{-1}]^{-1}M\ (r) \tag{6-14}$$

由 H_∞ 范数约束条件可得是系统保持跟踪性能的约束条件:

$$\|[I+S\widetilde{P}\ (1+\Delta)R^{-1}]^{-1}M\ (r)\|_\infty \leq 1 \tag{6-15}$$

综上所述,解决执行器故障信号影响就变为了求解约束优化问题:

$$\min | y_\mathrm{f}\ (t)\ -y\ (t)\ |$$

$$\mathrm{s.t.}\ \|[I+S\widetilde{P}\ (1+\Delta)R^{-1}]^{-1}M\ (r)\|_\infty \leq 1 \tag{6-16}$$

6.3.2 约束优化问题求解

现代控制理论迅速兴起于 20 世纪 50 年代末,最优控制为其中重要内容之一。最优控制问题从大量实际问题中提炼出来,由于各行各业都发展迅猛,实际控制系统也日趋复杂,自动控制也被赋予更大的期望。而基于传递函数、频率特性方法的经典控制理论,也不能再满足控制性能要求,其局限性主要表现在:

(1) 它只适用于单输入单输出线性定常系统,只适用于对伺服系统稳定性问题的解决,很难适应于以综合性能指标为控制目标的问题。

(2) 在经典控制理论中,需要凭经验试凑和人工计算,解决不了复杂的控制问题。而现代控制理论处理问题的范围则非常广泛,它可以处理时变系统、非线性系统、MIMO 系统等复杂系统的控制问题。最优控制理论是现代控制理论中处于至高地位的构成方法,它的适用范围非常广。

很多系统的解都不仅只有一种,它的解或许存在多个甚至是无限个,优化的目的就是为了从这很多个解中,按照一种条件约束或有效性,从而求出最适合的解[8]。在理论研究方面和实际工程方面中,约束优化问题是会常常遇见的数学规划问题。约束优化问题是智能算法的研究中非常受重视的方面。如何有效的解决约束优化问题,其重心就在于怎样处理约束条件。为了有效利用计算机,学者们已经研究出很多的数学最优化方法[9]。非线性约束优化问题是上述问题中的特殊情况[10]。在过去几十年间,数学规划领域的研究大多在线性规划范围内,其研究已经非常成熟,可是对于非线性规划问题,还没有普遍适用的方法,虽然也有很多解决非线性优化问题的思路,但非常有效的并不多,随着科技的发展及人们对这方面研究的迫切需要,我们急需有效而广泛的求解非线性规划问题方法的研究。

非线性约束优化问题可以建模为(NLP):

$$\min f(x)$$

$$s.t.\ g_\mathrm{i}(x) \leq 0$$

$$i = 1,\ 2,\cdots,\ m \tag{6-17}$$

$$g_\mathrm{i}(x) = 0$$

$$i = m + 1,\cdots,\ m + p$$

求解以上约束优化问题,就是要求目标函数在下面两个约束条件下的极小值,对于约束优化问题的解，有两个最优解概念，一个为局部最优解，一个为全局最优解。其中，局部最优解不一定是全局最优解，但显而易见全局最优解必然是局部最优解。

求解最优化问题，通常会用迭代法[11]，其运算步骤是：

（1）决定当前点 x_k 的迭代方向。

（2）求沿着 d_k 方向的一维线性搜索步长 α_k，令 $x_{k+1} = x_k + \alpha_k d_k$，方向 d_k 的确定与 x_0 的可行性构成不一样的算法及分类。目前很多人会选择解析法与数值法。解析法是寻找函数 $f(x)$ 关于 x 的导数，使其值之等于零来求函数的极值，若求函数在某约束条件下的极值，可以利用拉格朗日乘子法和约束变分发。对于一个目标函数 $f(x)$，其中 $x \in S$ 在某一点的梯度值为：$\nabla f(x) = \left(\dfrac{\partial f(x)}{\partial x^1}, \dfrac{\partial f(x)}{\partial x^2}, \cdots, \dfrac{\partial f(x)}{\partial x^n} \right)$，这个梯度值决定迭代的方向。如果目标函数不可导或者不连续，解析法得到的解不能保证是最优解。牛顿法是其中最著名的方法之一。

另一种方法是数值法[12]，这种方法是通过已有的信息，通过迭代程序产生优化问题的最优解。数值法能处理解析法处理不了的问题，同时它更实用于实际生产系统。常用的数值法有单纯形法（Simplex），Hooke-Jeeves 法，改进的 Powell 法。这些方法各有优点，他们最明显特点即与解析法区别在于不用计算函数的导数，只要从某点开始，依照某种方式，得到了下一个点的方向与步长，通过很多次迭代后就能求出一个最好的解。

以上是求解非线性优化问题最普遍的两类方法，这些方法最大的难题就是要克服求全局最优解陷入到局部最优解上面，由于目标函数通常存在很多局部最优解，因而我们得到的解很有可能是局部最优解而不是全局最优解。总的来说，这些方法还存在很多弊端：首先，这些方法都有较强的局限性，目标函数都必须是连续、可微分、函数单峰等；其次，这些方法工作量较大，通常在计算之前都要做很多准备工作，比如求解函数的导数、矩阵的逆等，对于一些非常复杂的目标函数来说，有时这些计算都是不可能进行的；再者这些方法都缺乏通用性，某种方法是否适用于我们要求解的问题，通常需要使用者自己判断。

6.3.3 仿真与实验结果分析

图 6-3 与图 6-4 分别是没有受到故障信号影响和受到故障影响时的仿真图，仿真参数如表 6-1 所示。由仿真图可看出，如果系统受到短时间的故障信号，通过鲁棒右互质分解和跟踪算子的设计仍然可以使系统达到跟踪效果，但如果受到的故障信号是一直存在的，则系统无法再保持跟踪性能。

表 6-1 仿真参数

参考输入	3℃
参数 B	0.6
初始温度	19.7℃
仿真时间	600s
采样时间	0.1s

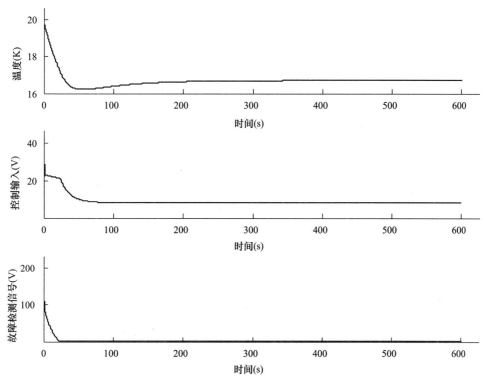

图 6-3　无故障仿真图

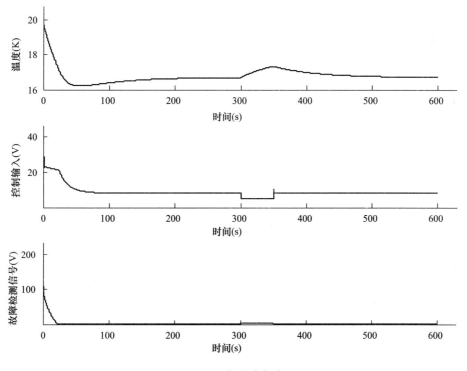

图 6-4　短暂故障仿真图

此图是不存在故障信号时，正常运行的仿真图。能看出故障信号一直保持为零，即没有检测出故障信号。实验初始阶段也出现一段检测出来的故障信号，这是实验设备输入能力有限，设置的输入限制导致的。图 6-4 是在实验期间，某段时间加入故障信号。在 300～350s 间，给控制输入信号一个限制信号，即假设的故障信号，可以看出故障检测信号中 300～350s 检测出了这个故障信号。在 350s 之后，去除故障信号，故障检测信号变回为零，被控量仍然能按照设定的参考输入量，达到目标温度。

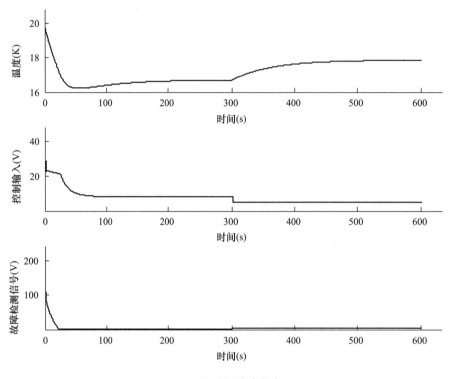

图 6-5　长时间故障仿真图

图 6-5 是在实验 300s 后给控制输入一个限制即假设故障信号，可以看出，在 300s 之后，故障检测信号一直保持检测出故障的状态，被控量温度值则在 300s 之后偏离预定控制温度，最终也没能达到预期值。

6.4　基于支持向量机的故障分类器设计

本书前面简要给出了支持向量机的基本理论基础、发展状况以及基于支持向量机的一些多分类方法，本章节将利用基于支持向量机的多分类方法设计故障分类器实现对液位控制系统的不同故障进行分类。

6.4.1　基于支持向量机的故障分类

为了使 SVM 的使用不受到分类类别数量的约束，解决现实问题中对多类别进行分类的问题，人们对此做了大量研究。目前主要使用的方法总的来说可以划分为两种：第一种办法是直接利用多个二分类器，然后将其按不同办法组合起来使用以达到对多种样本类别进行分类的目的；第二种办法就是直接考虑同时对多个样本分类进行分类的问题，也叫整体优化算法，该算法通过对 SVM 分类器进行改进，构造 N 个判决函数来实现对 N 类样本进行分类。第二种方法给人直观的感觉看似比较简洁，但由于其算法比较复杂，在计算过程中速度较慢，分类精度也不高，因此目前第一种方法使用的比较多[13]。

（1）组合多个二分类器方法。

组合多个二分类器法也叫标准算法，这种方法是直接利用二分类器的分类能力，依据对 N 类测试样本数据进行不同的划分情况采用多个数量二分类器对所划分好的样本类别进行分类，然后按特定方法组合起来形成一个多分类器，根据不同的组合所需要二分类器的数量也不同。常用的方法有：一对一方法、一对多方法、决策树法和决策导向无环图法。

①一对一方法。一对一（one-aginst-one）方法是 Knerr 提出来的一种将过个二分类器组合使用的一种多分类方法，假设现在有 N 种样本数据，该方法就是将每一种样本与其余所有样本进行一对一分类，根据组合排列可知要完全将 N 种样本进行分类一共需要 $N(N-1)/2$ 个二分类器，每个二分类器得出结果后将结果进行组合，常用的方法是投票法。该方法容易理解，结构简单，但决策时存在一种样本对应多个类别结果，这会对决策结果产生影响，容易出现错误判断，还有就是当样本种类 N 比较大的时候，就需要很多个二分类器，这就会导致决策阶段运算量大，决策时间会比较长。一对一方法的结构如图 6-6 所示。

②一对多方法。一对多（one-aginst-rest）方法的思想是对于 N 类样本数据需要

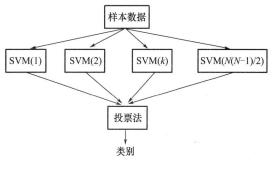

图 6-6　一对一方法结构图

训练 N 个二分类器，当训练第 k 个分类器时，把第 k 个样本作为一类，把其他所有类别数据统统作为另一类，这样就实现对两类数据进行训练。将 N 个二分类器训练好后将测试样本代入 N 个二分类器进行计算，然后将 N 个结果进行综合，计算决策函数值 $f(k)$，$k=1, 2, \cdots, N$，样本划分类别为：$\arg[\max: f(k)]$。相比于一对一方法，这种方法需要训练的二分类器少，决策运算简单，但是在训练每一个二分类器的时候都会运用到所有数据，这样就会造成运算量过大，而且训练时会由于两类样本数量相差较大，会发生分类超平面偏移现象，造成在决策阶段出现划分盲区现象。

③决策树法。决策树法是将训练过程和决策阶段同时进行的一种方法，以四种样本为例，决策树法的两种流程如图 6-7 所示。

由图 6-7 可以看到，不管是（a）方法还是（b）方法在对 SVM（1）进行训练时，所有样本数据都进行了运算，但是随着训练次数的不断增加，需要进行训练的样本数据也在不断减少，运算量和运算时间也会相应地减少。决策树法对于类别的划分是分层次的，不存在划分盲区。但是，在对 SVM（1）进行训练时，也会由于两类数据样本的数量差别较大，存在

不对称问题导致超平面发生偏移，而且由于选择流程的不同分类的结果也会不同，因此分类误差会比较大[14]。

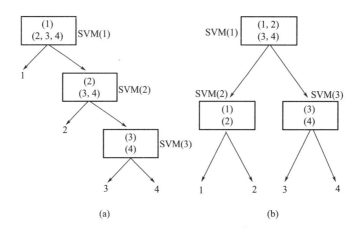

图 6-7　决策树法的两种决策流程图

④决策导向无环图法。决策导向无环图支持向量机 DAG-SVM（Directed Acyclic Graph）是 Plantt 等人提出来的，这种方法能有效地解决样本数据不对称、决策盲区等问题。该方法的训练阶段与一对一方法是一样的，同样采用将 $N(N-1)/2$ 个二分类器组合起来使用，每个二分类器使用时都对应两类样本数据，只是在决策阶段采用了图论中的有向无环图思想。同样以四类样本数据为例，DAG-SVM 结构图如图 6-8 所示[15]。

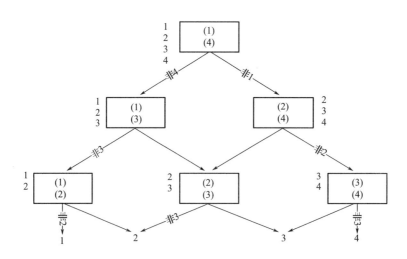

图 6-8　四类 DAG-SVM 流程图

在图 6-8 中，假设每层分类器分类正确率为 p，则最终四种类别得到正确分类的概率分别为：

$$r(1) = r(4) = p \cdot p \cdot p$$

$$r(2) = r(3) = \frac{1}{2}p \cdot p + \frac{1}{4}p \tag{6-18}$$

通过计算结果最后可以得到四种类别分类正确的概率如下：

$$r(2) = r(3) > r(1) = r(4) \tag{6-19}$$

但是决策导向无环图支持向量机的分类流程是有多种方式的，对于分类类别 1、2、3、4 的排列不同分类流程也是不一样的，由排列组合知识可以知道对于 N 种类别的排列方法有 $N!$ 种，因此 N 种类别的分类问题是有 $N!$ 种分类流程的，采用不同的流程会有不同的分类结果，因此针对如何选择合适的 DAG-SVM 结构才能得到最佳的分类效果，有人提出了基于节点优化的 DAG-SVM 多分类扩展策略[16]。

（2）直接法。

直接法不把多类问题分成多个二分类问题然后再进行组合，而是直接对 N 种样本数据同时进行处理，通过构造 N 个判决函数来把 N 种样本数据区分开来。Weston 等人针对多分类问题提出一个新的二次规划问题：

$$\min \frac{1}{2}\sum_{m=1}^{N} \| w_{m} \|^{2} + C\sum_{i=1}^{l}\sum_{m \neq y_{i}} \xi_{i}^{m}$$
$$s.t.\ (w_{i} \cdot x_{i}) + b \geqslant (w_{m} \cdot x_{i}) + b_{m} + 2 - \xi_{i}^{m} \tag{6-20}$$
$$\xi_{i}^{m} \geqslant 0$$
$$i = 1,\ 2,\cdots,\ l,\ m \in \{1,\ 2,\cdots,\ N\}/y_{i}$$

对应的决策函数为：

$$f(x) = \arg_{k}\max[(w_{i} \cdot x) + b_{i}],\ i = 1,\ 2,\cdots,\ N \tag{6-21}$$

相比于一对一方法和一对多方法，直接法是一个计算非常复杂的过程，训练过程所消耗的时间要比一对一和一对多方法多很多，而且经过实际的应用也验证了直接法的分类精度也不比间接法高[17]。因此在实际应用中经常采用一对一方法，但是一对一方法在决策过程也会出现不可判别的情况，所以说如何将多种类别样本进行分类的多分类方法依然是支持向量机理论研究的重要内容。

6.4.2　液位系统的故障分析

液位控制系统的结构及其组成部分如图 6-9 所示。

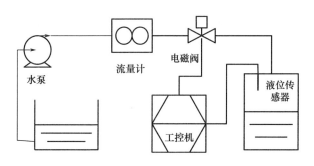

图 6-9　实际系统结构简图

由图 6-9 可以看到，液位控制系统的主要组成部分有水泵、流量计、电磁阀、液位传感器和工控机等。

在工业过程控制系统中，经常发生故障的部分主要是传感器和执行机构，据统计，在已经发生的工业系统故障中，传感器故障和执行机构故障大概占所有系统故障的 80% 以上。就该液位控制系统而言，执行机构有电磁阀和水泵，传感器有流量计和液位传感器，因此，接下来主要是对该液位系统的这四个部分具体的进行一下故障分析。

水泵在该液位系统运行过程中是一直处于运行状态中的，根据经验，水泵经常出现的故障是水泵烧坏，所以在本书中就假设水泵发生的故障就是水泵烧坏，或者断电，总之就是说水泵停转。

电磁阀发生的故障就是电磁阀卡死，这里就涉及到电磁阀卡死的位置，在仿真的时候选择了三个比较特殊的位置，即：卡死的时候电磁阀处于全开的状态、卡死的时候处于半开的位置和卡死的时候处于关闭的状态。

流量计和液位传感器返回的是实际的流量值和液位值，它们发生的故障无非就是测量值与实际应测得值不同，出于实验的可模拟性，这里假设流量计和液位传感器发生故障时，它们的测量值都为零。

6.4.3 液位系统的故障模拟

就本液位控制系统而言，通过工控机采集测量和经过控制器计算可以得到三类特征数据，即：控制器的输出控制信号、流量计的测量值和液位传感器的测量值。经过上一节对系统所做的分析，可以得到当水泵、流量计、电磁阀、和液位传感器分别发生故障时，控制器的输出控制信号以及流量计和液位传感器的测量值都会发生相应的并且有差别的变化，因此，可以将这三个量作为基于支持向量机的分类器的输入特征向量[17]。

至于当水泵、流量计、电磁阀和液位传感器发生故障的情况下，控制器的输出以及流量计和液位传感器的测量值会发生什么变化，下面将在 MATLAB 中对这四种故障分别进行仿真并观察特征向量的变化。

水泵故障即水泵停止工作，在实际系统中，当水泵停止工作造成的直接影响是系统的输入即流量输入为零，仿真的时候就设输入为零，水泵故障的仿真结果如图 6-10 所示。如图 6-10 所示，在时间 600~800s，把控制器的输出电压设为零来模拟水泵发生故障。因为在实际系统中，当控制器的输出为零，即加到电磁阀上的电压为零，电磁阀会关闭，这样系统的输入流量就会为零，其效果和水泵停止工作的情况下是一模一样的。由图 6-10 可以看到，当水泵发生停止工作故障时，其流量计测量值和系统实际的输入流量为零，系统的液位会有所下降，当故障消除时，液位又回到设定值。

流量计故障被看成是流量计的测量值为零，在仿真的时候，当流量计故障发生时，流量计的值被设置为零，其仿真结果如图 6-11 所示。在图 6-11 中，可以看到，当流量计在 600~800s 的时间内发生故障，其测量值为零时，系统的输入流量和输出液位并没有发生任何的变化，也就是说流量计故障不影响实际系统的运行状态。

液位传感器故障的仿真结果如图 6-12 所示，由图 6-12 可以看到液位传感器故障的仿真时间很短，这是因为时间过长的话，输出液位高度会过高，这样就会需要较长的时间使液位

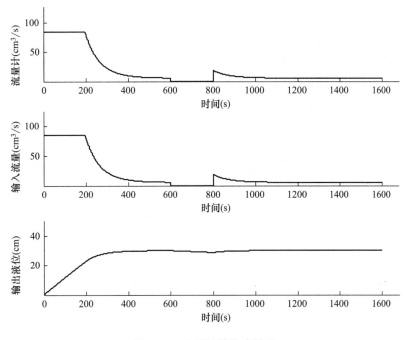

图 6-10　水泵故障仿真结果

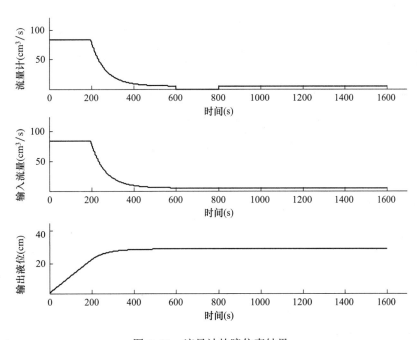

图 6-11　流量计故障仿真结果

恢复到设定液位，不方便于仿真。在时间 600~630s，设置输出液位高度为零，由于控制器的作用系统的输入会增大，实际液位高度也会增加。当故障消除后，实际液位高度大于设定液位高度值，在控制器的作用下会慢慢回到设定值。

对于电磁阀卡死故障这里取定电磁阀卡死在三个特殊的位置进行仿真，分别为完全打开状态、打开一半状态和完全关闭状态，三种卡死状态的故障仿真结果分别如图 6-13、图 6-14 和图 6-15 所示。

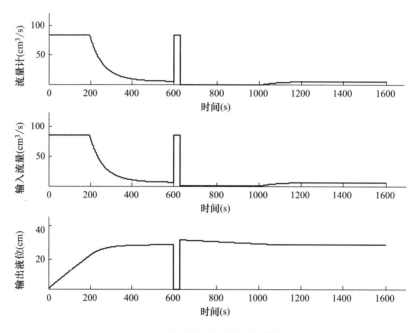

图 6-12　液位传感器故障仿真结果

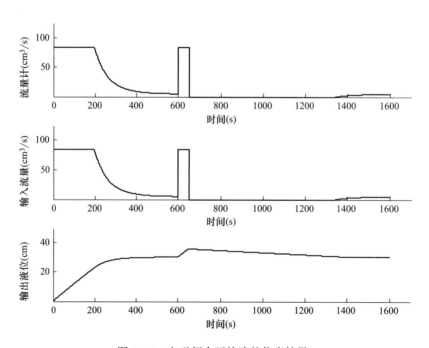

图 6-13　电磁阀全开故障的仿真结果

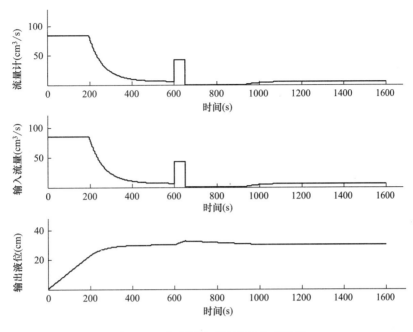

图 6-14 电磁阀半开故障的仿真结果

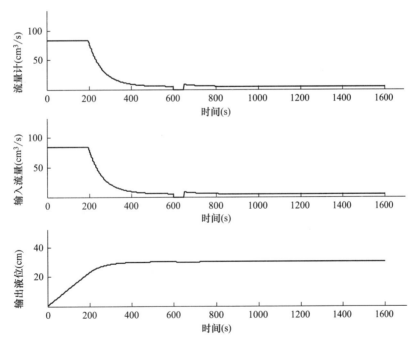

图 6-15 电磁阀全关故障的仿真结果

6.4.4 基于支持向量机的分类器建模

对于支持向量机的模型训练,如前面所描述的那样,为了获取支持向量机的模型:

$$y = f(x, w) = \sum_{i=1}^{l} w_i \cdot \Phi_i(x) + b, \ w \in R^l, \ b \in R \tag{6-22}$$

最优化问题可以表示为：

$$\min \frac{1}{2} \| w \|^2 + C \sum_{i=1}^{l} \xi_i$$
$$s.t.\ y_i [(w \cdot x_i) + b] \geq 1 - \xi_i \tag{6-23}$$
$$\xi_i \geq 0, \ i = 1, \ 2, \cdots, \ l$$

通过引入拉格朗日乘子 α_i，可以构造出最优化问题的拉格朗日函数，二次规划问题可以表示为：

$$L = \frac{1}{2} \| w \|^2 + C \sum_{i=1}^{l} \xi_i - \sum_{i=1}^{l} \alpha_i [y_i (w \cdot x_i + b) - 1 + \xi_i] - \sum_{i=1}^{l} \beta_i \xi_i \tag{6-24}$$

最终通过对式（4-3）求解得到支持向量机模型为：

$$f(x) = \sum_{i=1}^{n_{sv}} (\alpha_i - \alpha_i^*) K(x, \ x_i) + b \tag{6-25}$$

其中 n_{sv} 是支持向量的序号，$K(x, \ x_i)$ 是核函数，这里有许多核函数在支持向量机模型的训练过程中，比如说多项式核函数、高斯核函数、线性核函数和神经网络核函数等。其中高斯核函数是应用最为广泛的核函数，在工程、物理和许多其他领域都有应用，高斯核函数如下所示：

$$K(x, \ x_i) = \exp\left(-\frac{\| x - x_i \|^2}{2\sigma^2} \right) \tag{6-26}$$

式中：σ ——方差。

在上面的训练过程中，模型的质量受到支持向量机几个参数设置和需要分类的数据样本的影响。惩罚参数 C 决定分类超平面的复杂性，实际设置由训练数据直接决定。方差 σ 反映训练数据的输入范围，就是噪音方差的估量值，实际中，噪音方差可以表示为：

$$\sigma^2 = E(x_i)^2 = \frac{1}{2} \sum_{i=1}^{n} (x_i)^2 \tag{6-27}$$

式中：n ——训练样本数量。

经过上面的分析，可以将系统的输入流量、输出液位高度和流量计的测量值作为 SVM 的输入特征向量来将所上面所分析的四种故障进行分类[18]。

基于支持向量机设计的分类器使用的是台湾大学林智仁先生开发的 libsvm 工具箱，在这里主要会应用到两个函数 svmtrain（）和 svmpredict（）。其中 svmtrain（）是 SVM 的训练函数，该函数通过对训练样本数据进行训练得到一个分类器模型。svmpredict（）是 SVM 的预测函数，该函数利用通过 svmtrain（）函数训练得到的模型对预测样本数据进行预测，从而得到分类结果[19]。

svmtrain（）函数格式为：模型 = svmtrain（训练标签，训练数据，"参数"），训练标签是对不同类型样本数据的一个表示，这里考虑了四种故障，即：水泵故障、流量计故障、液位传感器故障和电磁阀故障，将这四种故障状态再加上正常状态这五种类别状态的标签分别标为：1、2、3、4 和 5。训练数据为代表各种类别的特征向量，其格式为：\<label\> \<index1\>：\<value1\> \<index2\>：\<value2\>…。参数主要有四个需要设置：

-s 设置 SVM 类型（默认为 0）；

0—C-SVC

1—v-SVC

2——类 SVM

3—e-SVR

4—v-SVR

-t 设置核函数类型（默认为 2）；

0—线性核函数

1—多项式核函数

2—高斯核函数

3—神经网络核函数

-c cost 设置 C-SVC、e-SVR 和 v-SVR 的参数（默认为 1）；

-g gamma 核函数中 gamma 函数设置（默认为 1/k）。

另外还有许多其他的参数，一般不需要人为设置，使用默认即可。本书在使用的过程中，设置-s 为 0、-t 为 2、-c 为 1.2、-g 为 2.8。对于-c 和-g 的设置，有种方法叫交叉验证法或其他的智能算法。

将上节仿真的各种故障数据保存下来并给各类标上相应的标签，然后利用 SVM 对其进行分类，分类结果如图 6-16 所示。

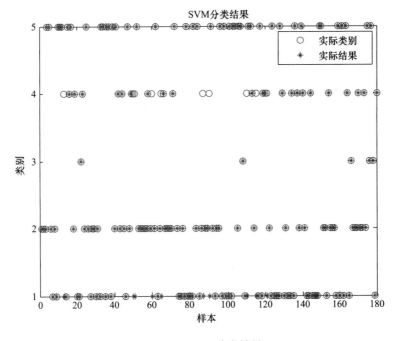

图 6-16　SVM 分类结果

其中分类结果正确率为 94.5%。

6.4.5　故障分类结果分析

接下来在实际液位控制系统上对上面所考虑四种故障进行模拟，从而得到当实际系统真实发生不同故障时的故障数据，即特征向量数据，然后采用基于支持向量机的故障分类器对四种故障数据进行分类，从而实现对液位控制系统的故障进行分类。

图 6-17 为模拟系统水泵发生故障的实验结果，为了模拟水泵发生了故障，在实际系统的控制过程中将水泵关闭。如图 6-17 所示，在时间大概为 280s 的位置将水泵关闭，由于水泵的关闭导致流量计测量的流量值为零，系统的输入为零，因此系统液位也会下降，由于液位的下降，控制器的输出控制电压达到 10V，但是由于水泵故障，液位下降的情况依然无法改变。

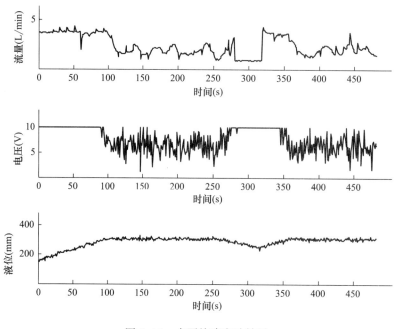

图 6-17　水泵故障实验结果

流量计故障的实验结果如图 6-18 所示，流量计的故障设定为其测量值为零，为了模拟是流量计出现了故障，将流量计与工控机的链接作断开处理来表示流量计的测量值为零。如图 6-18 所示，在时间 300s 的时候将其断开，从图可以看到流量为零，但是电压和液位依然处于正常的运行状态，这也说明在本液位控制系统中流量计发生故障不会影响系统的正常运行。

图 6-19 和图 6-20 分别是系统中液位传感器发生故障和电磁阀发生故障的实验结果，同模拟流量计发生故障相似，为了模拟系统液位传感器发生了故障，将液位传感器与工控机的连接作断开处理来模拟液位传感器的测量值为零，即液位传感器发生故障。当液位传感器返回到控制器的测量值为零时，为了使液位达到所设定的 300mm，控制器的输出控制信号输出为最大 10V，于是，系统的输入流量也为最大值，导致系统的实际液位持续的增加直到液位传感器故障消除。电磁阀故障为电磁阀卡死，即电磁阀不受控制器的输出控制电压控制，如图 6-20 中所示，在时间 160s 以后，由于电磁阀卡死，虽然控制器的输出控制信号为零，但是实际上系统的输入流量不为零，从而系统的液位增加，电磁阀故障消除后系统液位慢慢回到设定值。

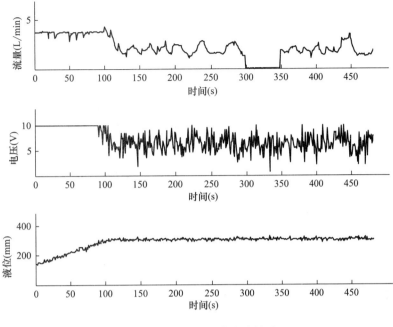

图 6-18　流量计故障实验结果

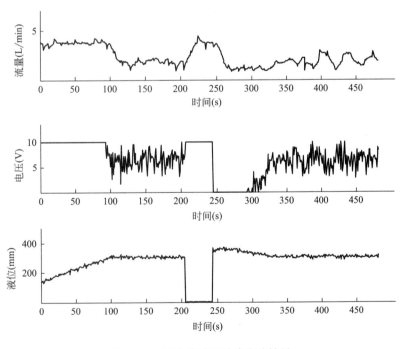

图 6-19　液位传感器故障实验结果

　　将上面在实际液位控制系统上模拟的各种故障数据保存下来,利用训练故障样本数据训练出 SVM 分类器模型,然后利用训练好的分类器对各种故障的测试样本数据进行分类并观察每种故障的分类情况,图 6-21 是水泵发生故障的分类结果,图 6-22 是流量计发生故障分类

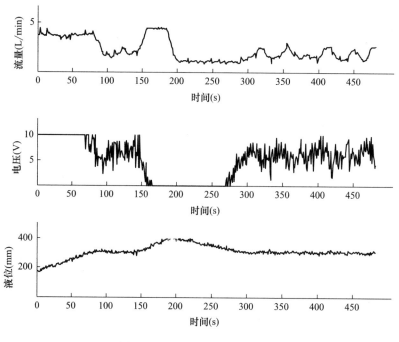

图 6-20　电磁阀故障实验结果

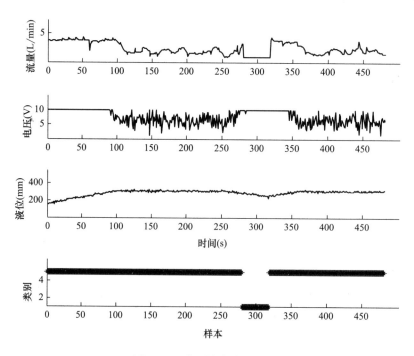

图 6-21　水泵故障分类结果

结果，图 6-23 是液位传感器发生故障分类结果，图 6-24 是电磁阀发生故障分类结果。

　　由上面对液位控制系统所分析的四种故障的分类结果可以看到，采用基于支持向量机设

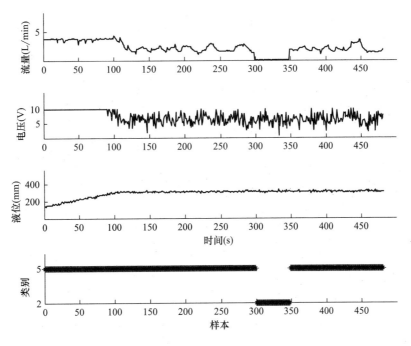

图 6-22　流量计故分类断结果

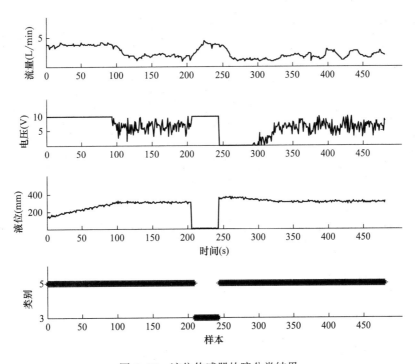

图 6-23　液位传感器故障分类结果

计的故障分类器可以将系统的各种故障正确的分开，实验结果说明所设计的分类器满足对液位控制系统的四种故障进行分类。

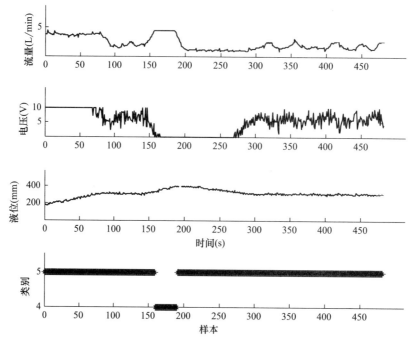

图 6-24　电磁阀故障的分类结果

6.5　液位系统故障的优化控制

在上节中，我们提到了系统故障的问题，当存在执行器故障的情况下 $u_d = u_{max}$，实时上这样对于实际控制是很不利的，在该种情况下，在饱和状态消失之前，所设计的右互质分解控制器将不能发挥作用，闭环控制系统敏感性大大降低，严重情况下可以使系统性能严重恶化，不论是理论研究还是实际应用都会带来相当大的影响。针对这种情况，在状态饱和部分，我们运用滑模变结构控制的原理对饱和部分进行处理，将滑模变结构控制与演算子理论的鲁棒右互质分解方法结合起来对液位控制系统进行理论研究，并将研究结果应用与实时控制中，系统性能得到了明显的改善。

6.5.1　滑模变结构控制概述

滑模变结构控制算法是前苏联 Emelyanov、Utkin 和 Itkin 等学者在 20 世纪 60 年代初提出一种非线性控制，该控制算法是在相平面基础上产生的一种现代控制理论的综合方法，该控制算法具有很好的优点，其属于一种特殊的变结构控制，它可以在有限的时间内使状态点从初始状态运动到所设计的切换函数所决定的某个超平面上，并维持在其上运动，即根据系统要求所设定滑模面。所谓的变结构控制，是通过设定切换函数而实现的，对于一个特定的控制系统来说，我们可以设计两个或者两个以上的切换函数去控制系统的相关过程变量，当系统的某一切换控制函数跟随特定的运行轨迹达到某个设定值时，此刻运行结构将转换为由另一种切换函数控制的另一种结构，变结构控制通常由两种，一是该变结构具有滑动模态性，二是不具有滑动模态性[19]。

滑模变结构设计原则为通过切换函数改变系统在设定切换面 $s(x) = 0$ 两边的状态结构，利用该结构的不连续性，使系统在特性控制作用下在切换面上下做高频、小幅的滑模运动。滑模变结构控制的主要作用就是保证系统可以在一定的时间内把状态变量吸引到滑模面上，并沿着滑模面渐进稳定[19]。

滑动模态具有快速响应的特性，不随系统摄动和外部扰动的变化而变化，因此具有很强的鲁棒性[20]。滑模控制具有无须系统在线辨识，物理实现简单等控制功能。如图 6-25 所示，假定滑模面为 $s(x)$，滑模控制可以使系统的状态变量限制在该滑模面附近做小幅度，高频率的"滑模"运动。滑模变结构控制系统的动态响应过程可以理解为分成两个阶段，即趋近运动阶段和滑动模态阶段。

我们可以假设控制系统为 $\dot{x} = f(x, u, t)$，$x \in R^n$，$u \in R$，t 为系统响应时间，u 为控制输入部分。首先，我们要选

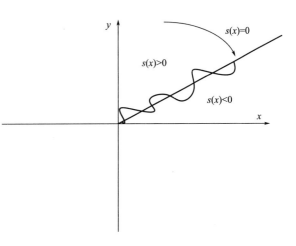

图 6-25　滑模特性示意图

择一个滑模面 $s(x)$，滑模面的选择满足状态点在有限时间到达切换面且在该切换面上运动，同时使系统满足渐进稳定，即当状态点趋向该区域时，就会自动沿着该区域运动，这些区域就称为滑动模态区域，也即系统需要满足如式（6-28）条件，否则无法完成滑动模态运动[20]。

$$\begin{cases} \lim\limits_{s \to 0^+} \dot{s} \le 0 \\ \lim\limits_{s \to 0^-} \dot{s} \ge 0 \end{cases} \quad 即\ \lim\limits_{s \to 0} s\dot{s} \le 0 \tag{6-28}$$

滑模面选取之后我们要满足其可达性条件，使滑模面以外的状态点在有限的时间内到达该滑模面，从而达到控制系统的动态品质要求。这就要求我们求出控制率 $u(x)$，且 $u^+(x) \ne u^-(x)$，即满足公式（6-29）所示条件。

$$u(x) = \begin{cases} u^+(x) & s(x) > 0 \\ u^-(x) & s(x) < 0 \end{cases} \tag{6-29}$$

滑动模态运动只是保证了状态运动点在有限时间内到达设定的滑模面，但对于状态点的运动轨迹并没有做出选择和限制，这里我们可以采取基于趋近率的方法，选择状态点运动轨迹，提高趋近运动的动态品质因数，从而达到了控制系统的动态品质目标。

由以上可知，对于特定的非线性系统模型来说，要运用滑模变结构设计方法，需满足以下三个条件：

（1）满足可达性条件，使滑模面以外的状态点在有限时间内都能到达滑模面。

（2）满足滑动模态的存在性。

（3）需要保证滑动模态运动的渐进稳定性且具有良好的动态品质。

滑模变结构控制有比较广泛的应用范围，例如电机控制、飞行器控制等领域。20 世纪 80 年代在机器人、航空航天等领域成功应用滑模变结构控制的方法，并取得了大量的研究成果，高为炳院士对航天飞行器运用了滑模变结构控制算法对其进行设计，文献［20］中进行了模糊控制与滑模变结构控制器的结合，实现了基于导弹姿态控制系统的模糊变结构滑模控制。这些与滑模变结构控制的优越性密切相关。另外，滑模变结构控制在工业控制领域也具有广泛的应用，文献［21］中设计的控制系统采用了两级分层设计方法，具有很好的稳定性，该控制器通过对目标控制车轮施加制动力矩来达到稳定汽车操纵性的目的。滑模变结构的在实际控制中的应用为滑模变结构的理论研究提供了重要的应用基础，对该理论的发展具有重大的研究意义。

6.5.2　故障系统的滑模变结构控制

滑模变结构控制器的设计目标一是理想的滑动模态，二是良好的动态品质，三是较高的鲁棒性。因此，滑模变结构的设计主要分为两方面，第一是滑模面的选择，使系统能够具有较好的趋近率，能够稳定在滑模面上下运动，使系统保持渐进稳定；第二是控制率的选取，使系统能够在一定时间内运动到滑模面，且具有较好的运动性能。

滑模变结构设计中滑模面的选取由发展初期的线性滑模面到非线性滑模面和时变滑模面，滑模面的设计发展使滑模控制具有了更好的控制性能，如非线性滑模面中引入非线性函数，使得系统的收敛时间取得了很大的提高。对于一个存在滑动模态的控制系统，当切换函数的趋近率趋近于零时，该函数的积分也将趋近于零，因此，在滑模面的选取中出现了积分形式的滑模面，如在线性滑模面中增加积分环节后，可以削弱系统的抖振、具有减小稳态误差的功能。积分滑模面的选取可以让我们很好的对非线性系统进行控制，保证了系统的稳定性能，不过该控制也存在着一定的缺陷，当初始状态比较大时，积分环节的引入可能会引起系统造成很大的超调或者给系统执行机构带来饱和状态。

滑模变结构控制中控制率的选取要能够保证系统的可达性，即系统从空间的任一状态都能在有限时间到达滑模面，并具有渐进稳定的性能，通常选取的控制结构形式有以下所述三种形式。具体形式如下所示[21]：

（1）常值切换函数。

$$u = u_0 \mathrm{sgn}[s(x)]$$

式中：u_0——带求常数。

（2）函数切换控制。

$$u(x) = \begin{cases} u^+(x) & s(x) > 0 \\ u^-(x) & s(x) < 0 \end{cases}$$

这种控制结构形式是建立在等效控制基础上的。

（3）比例切换控制。

$$u = \sum_{i=1}^{k} \Phi_i x_i \quad k < n$$

其中

$$\Phi_i = \begin{cases} \alpha_i & x_i s < 0 \\ \beta_i & x_i s > 0 \end{cases}$$

式中：α_i，β_i——常数。

对于这些切换控制中，通常第二种方法用的比较多，重要的是根据系统的特定性能选取相对应的方法。本课题主要采取切换控制的方法去实现控制目的。

滑模变结构控制的运动品质分别有运动段和滑模段决定，正常运动段的趋近过程要求运动良好，满足稳定性，这里采用具有趋近率的方法完善该运动品质。几种常见的趋近率如下：

（1）等速趋近率。

$$\dot{s} = -\xi \text{sgn}(s) \quad \xi > 0$$

（2）指数趋近率。

$$\dot{s} = -\xi \text{sgn}(s) - ks \quad \xi > 0, \, k > 0$$

（3）幂次趋近率。

$$\dot{s} = -\xi |s|^{\alpha} \text{sgn}(s) \quad 0 < \alpha < 1$$

（4）一般趋近率。

$$\dot{s} = -\xi \text{sgn}(s) - f(s) \quad \xi > 0$$

选取原则为根据系统的特定性能保证该系统状态点离开选择的切换面时能够使其以较快的速度趋近切换面，但同时要注意趋近速度过大可能会引起系统抖振加剧，所以要合理选择，使系统满足综合性能指标。

对于公式（5-9）所建立的水箱液位模型，我们对其进行滑模变结构控制的方法对其进行控制器的设计。针对该系统，首先需要将其转换为状态方程形式，我们取状态变量为：

$$\begin{cases} x_1 = \int_0^t e \, dt \\ x_2 = e = r_0 - y(t) \end{cases} \tag{6-30}$$

式中：e——设定液位与实际液位之间的偏差值；

　　　r_0——设定值；

　　　$y(t)$——实时采集液位值。得到状态方程为：

$$\begin{cases} \dot{x}_1 = e \\ \dot{x}_2 = -\dfrac{1}{A} u + \dfrac{a}{A} \sqrt{2g(r_0 - x_2)} \end{cases} \tag{6-31}$$

对于该状态方程，我们选取滑模面切换函数 $s(x)$ 为公式（6-31）：

$$s(x) = cx_1 + x_2 \tag{6-32}$$

即

$$s(x) = cx_1 + \dot{x}_1 \tag{6-33}$$

从上述公式我们可以看出，当状态点运动到滑模面后，上式收敛，且仅与参数 c 有关，与对象参数无关，验证了其鲁棒性[22]。

为了得到控制率 u，使系统以较短的时间到达滑模面，我们采用指数趋近率如下：

$$\dot{s} = -\varepsilon \text{sgn} s - ks \tag{6-34}$$

对该控制率进行稳定性分析得到如下公式：

$$\dot{s}s = s(-\varepsilon \text{sgn} s - ks) = -\varepsilon s \frac{|s|}{s} - ks^2 \leqslant 0 \tag{6-35}$$

由于 $\varepsilon > 0$，$k > 0$，所以我们得到满足滑模变结构控制的可达性条件，成功证明该系统能够够稳定在该滑模面上，当在滑模面上运动时 $s = \dot{s} = 0$。

由上述滑模面切换函数和指数趋近率，根据公式（6-32）我们可以得到：

$$\dot{s} = cx_1 + \dot{x}_1 = cx_2 + \dot{x}_2$$
$$= cx_2 - \frac{1}{A}u + \frac{a}{A}\sqrt{2g(r_0 - x_2)} = -\varepsilon\,\mathrm{sgn}s - ks \qquad (6\text{-}36)$$

由此解得控制率为：

$$u = \begin{cases} Acx_2 + a\sqrt{2g(r_0 - x_2)} + A\varepsilon + Aks & s > 0 \\ Acx_2 + a\sqrt{2g(r_0 - x_2)} - A\varepsilon + Aks & s < 0 \\ Acx_2 + a\sqrt{2g(r_0 - x_2)} & s = 0 \end{cases} \qquad (6\text{-}37)$$

对于该具有饱和状态的鲁棒非线性控制系统，在设计控制器处理饱和状态时，我们将鲁棒右互质分解的方法与滑模变结构的方法结合起来，滑模变结构将饱和部分转化一个切换面，克服了饱和现象[23]。而鲁棒右互质分解方法保证了系统的鲁棒稳定性，能够使系统较好的状态下运行，由以上条件控制器设计为：

$$C(u_\mathrm{d}) = \begin{cases} u_\mathrm{smc} & u_\mathrm{d} \geqslant u_\mathrm{max} \\ u_\mathrm{rcf} & u_\mathrm{min} < u_\mathrm{d} < u_\mathrm{max} \\ u_\mathrm{min} & u_\mathrm{d} \leqslant u_\mathrm{min} \end{cases} \qquad (6\text{-}38)$$

其中，

$$u_\mathrm{rcf} = \frac{a\sqrt{2gr_0} - (a - aB) \cdot \sqrt{2gy} - AB\dot{y}}{B}$$

$$u_\mathrm{smc} = \begin{cases} Acx_2 + a\sqrt{2g(r_0 - x_2)} + A\varepsilon + Aks & s > 0 \\ Acx_2 + a\sqrt{2g(r_0 - x_2)} - A\varepsilon + Aks & s < 0 \\ Acx_2 + a\sqrt{2g(r_0 - x_2)} & s = 0 \end{cases}$$

6.5.3 仿真与实验结果分析

首先对上面提出的方法所设计的控制算法进行系统仿真，仿真如图 6-26 所示，其中

$$B = 0.01, \quad c = 0.0004, \quad \varepsilon = 0.099, \quad k = 0.2, \quad r_0 = 30\mathrm{cm}$$

仿真结果显示，设计的控制器很好的处理了状态饱和部分，该控制器对于输入受限的处理起到了较好的效果，该控制器可以用于实际控制实验中。

将设计的控制器在实验平台上运行，液位和执行机构的输入采集图如图 6-27 所示，该控制器具有鲁棒稳定性，系统超调低于 5%，稳定时间大约为 400s，图 6-28 为 PID 控制系统图，超调量为 6%，在 600s 时达到稳定，稳定时间较长，两者相比，设计算法响应时间较快，超调量较小，具有较好的动态特性，设计控制器调节阀输入部分放大图如图 6-29 所示，在系统刚开始运行的阶段，控制器并没有达到饱和，大大提高了控制器的灵敏度，控制效果良好，实验结果验证了设计的有效性。

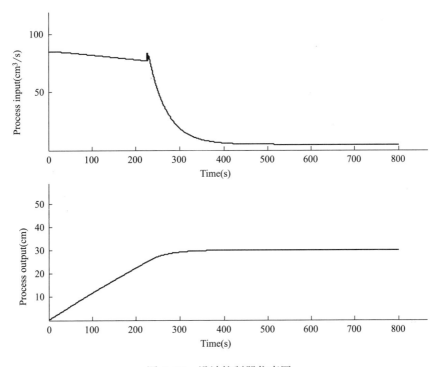

图 6-26　设计控制器仿真图

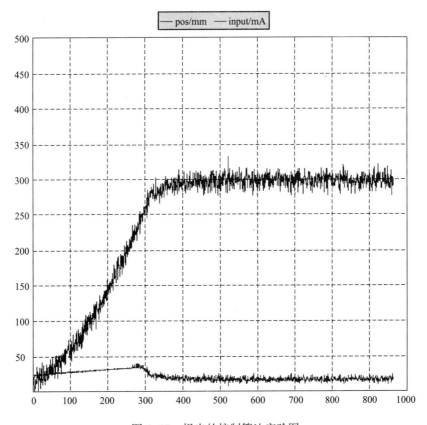

图 6-27　提出的控制算法实验图

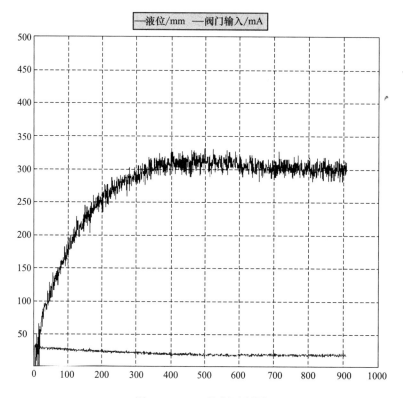

图 6-28　PID 控制过程图

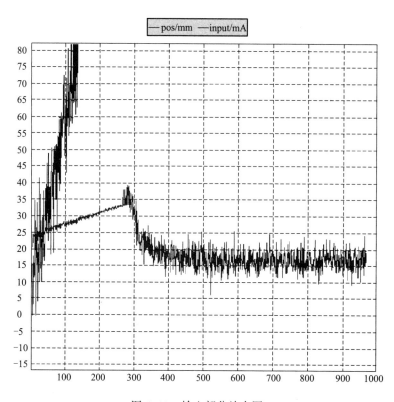

图 6-29　输入部分放大图

参考文献

［1］ Ye H，Ding S X. Fault detection of networked control systems with network－induced delay ［C］. Kunming：8th International Conference on Control，Automation，Robotics and Vision，2004.

［2］ J. Korbicz，J. M. Koscielny，Z. Kowalczuk，W. Cholewa. Fault Diagnosis，Models，Artificial Intelligence，Applications，Springer，Berlin，2004.

［3］ M. Deng，A. Inoue，K. Edahiro. Fault detection in a thermal process control system with input constraints using robust right coprime factorization approach ［C］，IMechE，Part1：Journal of Systems and Control Engineering，2007，221（2）819-831.

［4］ M. Deng，A. Inoue，K. Ishikawa. Operator Based Nonlinear Feedback Control Design using Robust Right Coprime Factorization ［J］. IEEE Transactions on Automatic Control，2006，51（4）：645-648.

［5］ M. Deng，A. Inoue，K. Edahiro. Fault detection system design for actuator of a thermal process using operator based approach ［J］，ACTA Automatica Sinica，2010，36（5）：421-426.

［6］ P. M. Frank. Fault diagnosis in dynamic systems using analytical and knowledge-based redundancy-a survey and some new results，Automatica，2008，26：459-474.

［7］ 温盛军，毕淑慧，邓明聪. 一类新非线性控制方法：基于演算子理论的控制方法综述 ［J］. 自动化学报，2013，39（11）：1814-1819.

［8］ S. Wen，M. Deng. Operator-based robust nonlinear control and fault detection for a Peltier actuated thermal process ［J］. Mathematical and Computer Modelling，2013，57（1-2）：16-29.

［9］ Michalewicz Z and Schoenauer M. Evolutionary algorithms for constrained parameter optimization problems ［J］. Evolutionary Computation，1996，4：1-32.

［10］ Michalweicz Z，Attia N. Evolutionary Optimization of Constrained Problems ［C］. Proceedings of the 3rd Annual Conference on Evolutionary Programming，World Scientific Publishing，1994.

［11］ 王宇平. 求解约束优化问题的几种智能算法 ［D］. 西安：西安电子科技大学，2009：105.

［12］ 李国勇，等. 最优控制理论及参数优化 ［M］. 北京：国防工业出版社，2006.

［13］ Vapnik V N. Statistical Learning Theory，New York：John Wiley，1998.

［14］ Vapnik V N. The Nature of Statistical Learning Theory，N Y：SpringerO Verlag，1995.

［15］ 李超峰，卢建刚，孙优贤. 基于 SVM 逆系统的非线性系统广义预测控制 ［J］. 计算机工程与应用，42（2）：223-226，2011.

［16］ 杨紫薇，王儒敬，檀敬东，等. 基于几何判据的 SVM 参数快速选择方法 ［J］. 计算机工程，36（17）：206-209，2010.

［17］ 邓乃扬，田英杰. 支持向量机：理论、算法与拓展 ［M］. 北京：科学出版社，2012.

［18］ D. Wang，X. Qi，S. Wen，Y. Dan，L. Ouyang and M. Deng，Robust nonlinear control and SVM classifier based fault diagnosis for a water level process，ICIC Express Letters，vol. 9，no. 3，pp. 767-774，2015.

［19］ 高为炳. 变结构理论基础 ［M］. 北京：中国科技出版社，1990.

［20］ 王瑞芬. 输入受限影响下不确定系统的滑模研究 ［D］. 华东理工大学硕士论文，2010.

［21］ 刘金琨，孙富春. 滑模变结构控制理论及其算法研究与进展 ［J］. 控制理论与应用，2007，24（3）：407-418.

［22］ D. Wang，F. Li，S. Wen，X. Qi and M. Deng，Operator-based robust nonlinear control for a twin-tank process with constraint inputs，Proceedings of 2013 International Conference on Advanced Mechatronic Systems，pp. 147-151，2013.

［23］ D. Wang，F. Li，S. Wen，X. Qi，P. Liu and M. Deng，Operator-based sliding-mode nonlinear control design for a process with input constraint. Journal of Robotics and Mechatronics，vol. 27，no. 1，pp. 83-90，2015.